谨以此书献给支持北京生态修复学会（SERB）和北京生态修复与环境保护联合体（USEREP），以及为生态修复而努力奋斗的所有朋友。

生态修复理论与应用

刘俊国 〔美〕安德鲁·克莱尔 著

科学出版社
北京

内容简介

生态修复是全球关注的热点学科和重点产业。实施生态修复工程，增强生态系统服务功能，已经成为我国实现生态文明的重要途径。本书构建了渐进式生态修复理论框架，重点回答如何度量生态系统的受损程度，如何制定生态修复目标，怎样去构思、筹备、启动和管理生态修复项目，如何实施和评估生态修复项目等问题。除此之外，本书还提供了国内外典型的生态修复案例，以帮助读者更好的理解生态修复。

本书可作为生态学、水文学、环境科学、自然保护学领域的科研人员、研究生和本科生的参考书，对于关注生态修复的政策制定者、政府工作人员、景观设计师、企业人士、认证机构人员以及公众也具有参考价值。

图书在版编目（CIP）数据

生态修复理论与应用 / 刘俊国，（美）安德鲁·克莱尔（Andre Clewell）著. —北京：科学出版社，2024.3

ISBN 978-7-03-078345-5

Ⅰ. ①生…　Ⅱ. ①刘…　②安…　Ⅲ. ①生态恢复-研究　Ⅳ. ①X171.4

中国国家版本馆 CIP 数据核字（2024）第 070217 号

责任编辑：韦　沁 / 责任校对：何艳萍

责任印制：肖　兴/ 封面设计：北京图阅盛世

科学出版社出版

北京东黄城根北街 16 号

邮政编码：100717

http://www.sciencep.com

科京天宇星印刷厂印刷

科学出版社发行　各地新华书店经销

*

2024 年 3 月第　一　版　开本：720×1000　1/16

2025 年 2 月第三次印刷　印张：12 1/4

字数：247 000

定价：128.00 元

（如有印装质量问题，我社负责调换）

前　言

如何构思、筹备、启动和管理一个生态修复项目？如何度量生态系统的受损程度？如果不开展生态修复，大自然的力量能否使遭到破坏的生态系统迅速地恢复？如何制定生态修复项目的目标？应采取什么样的修复策略？如何布局一个生态修复项目？从业人员需要具备什么样的职业素养？如何评估生态系统何时会被修复完好？生态修复项目会给当地居民和其他利益相关者带来什么样的影响？被修复的生态系统又是否有助于发展区域经济和提高人民福祉？本书将重点围绕以上问题展开论述，为您提供答案。

如果您是一位区域规划师，您在规划的过程中会如何权衡生态修复？如果您是一位在政府部门统筹自然资源的管理者，您在工作的过程中会如何评估一个生态修复项目的提案？如果您是一位项目人员，您所在的项目部会如何开展生态修复项目？如果您是一位公共政策的制定者，您会如何努力推进生态修复并以此引领当地经济更健康地发展？如果您是一位环境部门的督察员，您会如何评估生态修复项目的提案并推动项目顺利进行？如果您作为监理方与政府部门共同监督某个大型生态修复项目，您做好长期扎根于项目的准备了吗？如果您是一位对自然资源管理、规划和政策等方面感兴趣的学生，您会学习哪些生态修复知识来更好地规划您的职业生涯？

本书不仅为解决以上问题提供了基本的思路，还回答了许多生态修复项目中常见的项目管理和技术管理问题。但是我们并未回答太多细节问题，因为在您以后的工作实践中，将会得到这些细节问题的答案。除此之外，本书还会介绍生态修复的入门知识，以帮助您进一步理解生态修复的重要性。本书也回答了怎样去构思、筹备、管理、实施和评估生态修复项目等问题。希望本书可以给您信心，并帮助您在参与生态修复项目的过程中做出明智的决定。

读懂本书不需要您有如同生态学家一样的丰富经验和知识储备；但如果您学习过相关基础知识，在自然资源管理方面具备了一定的经验，并且对自然史感兴趣，对您阅读本书大有裨益。我们尽量不使用难以理解的生态学理论和晦涩难懂的术语。相反，我们尽量采用浅显易懂的方式为您介绍生态修复的入门知识。本书主要从应用研究的角度讲解生态修复，而不是从理论研究的角度探究生态修复。如果您对生态修复的理论研究感兴趣，您可以阅读 Palmer 等（2016）的著作。

如果您已经是一位生态修复的从业者，并且了解一些生态修复的技术，那么本书会帮助您把您的事业从生态修复的技术领域扩展到生态修复的管理领域。本书会让您知晓管理者和政策制定者在开展生态修复项目中必须考虑的问题。从事生态修复是令人着迷的，因为从事该工作既需要学习许多自然科学知识，也需要学习一些社会科学知识，更需要将二者结合运用。大多数学科的研究方向侧重于对某一问题进行深入研究。生态修复却恰恰相反，它需要综合运用不同的学科知识，并将一些看似不相关的信息和活动进行整合，因此它注重知识的广度。生态修复力图恢复受损自然生态系统的完整性，并在修复的过程中让自然过程起主导作用，最后惠泽民众、支撑经济发展。有时生态修复会让生态系统恢复到退化前的状态，使生态系统看似从未退化过，这种情况既可以称为生态恢复，也可以称为生态修复。

本书由五个部分构成。第一部分介绍了生态修复的价值与准则；第二部分和第三部分介绍了小型生态修复项目的筹备过程、相关概念、规划实施和管理方式；第四部分介绍了大型生态修复项目，尤其是那些为了解决重大社会经济发展问题而开展的生态修复项目，在这种情况下，自然区域和被开发的土地被视为是一种具有经济价值的资本，类似于金融资本（Aronson et al.，2007；Kumar，2010）；第五部分给出了一些历史案例，这样可以更好地理解本书前四部分的内容。当本书前四部分涉及具体案例的时候，读者可以先翻阅本书第五部分的相关内容。

已经非常熟悉这门学科的读者将会理解我们在本书大量使用“修复”一词而不是“恢复”一词。不仅因为“修复”一词在全世界使用得很频繁，也因为在中国，“修复”一词远比“恢复”一词具有更广泛的适用性。另外，在中国的大多数地区，由于人口数量激增和土地高密度开发利用，让被破坏的生态系统恢复到原来的状态极为困难，所以目前“修复”一词在中国使用得更频繁。本书第一章会对这两个术语进行区分。

生态修复项目管理是本书的重点内容。Clewell 和 Aronson（2007，2013）之前编写的相关书籍主要侧重于技术层面。读者可翻阅他们之前编写的书，从而了解生态修复的技术和理论方面的知识，也可以从中了解到世界上一些国家和地区开展的生态修复项目等内容。本书中，我们有意地减少了二次文献的引用，这对一个项目管理者来说是至关重要的。本书也汇总了大量的专业词汇，详见附录 3 术语表。

中国和其他大多数国家一样都已经意识到开展生态修复的重要性，也意识到生态修复能创造财富。然而，当前很多国家仍需要以发展经济为主要目标，在此过程中，我们必须学会尊重自然从而确保我们能呼吸到新鲜的空气、饮用到干净的淡水。中国也正和其他国家一样在不断适应新情况（Sukhdev，2012）。研究机构和政府部门正在为这次重大的变革付诸行动，而这个重大的变革产生的效果至少需要经历一代人的时间才能得以体现出来。本书的一个目标是让自然保护者发现他们正处在重大变革的最前沿，另一个目标是告诫我们需要充分尊重自然。

我们正处在一个巨大变革的时代，新一代的管理者需要有足够的勇气不断迎头向前。罗伯特·卡宾（Robert Cabin）的两本书为经验不足的年轻的理论生态学家提供了一些个人经验，而这些经验也是当前中国年轻的专业人员可以借鉴的（Cabin，2011，2013）。卡宾刚开始在夏威夷的环保部门工作，工作后不久他就意识到自己专业知识的不足和所在的工作岗位让他无法应对很多实际问题。通过 Yin R. 和 Yin G.（2010）对中国当前的政治形势和学科设置的分析，我们可以判断出中国目前的情况与罗伯特·卡宾在夏威夷环保部门工作时所面临的情况非常相似。卡宾的书给需要面对不同情况的管理者提供了心理慰藉和指引。美国林业局的吉姆·佛尼斯（Jim Furnish）直言不讳地向公众宣传林业管理方式需由传统方式转变为对森林进行保护与修复（Furnish，2015）。我们也希望读者能熟知卡宾和佛尼斯的经历，他们二人的经历证明了非凡的勇气会带领我们走向更加美好的明天。希望我们能团结起来并朝着这个方向前进。刘俊国等（2021）提出了渐进式生态修复的理论，旨在充分考虑生态系统退化状态，分阶段、分步骤采用“生境重建—生态修复—自然恢复”的修复模式，对受损生态系统进行循序渐进的修复。渐进式生态修复理论一经提出，很快得到了国内外广泛关注，被联合国环境署、国际修复生态学学会、国际水文科学协会等国际组织和机构认可，并在全球推广。

本书在《生态修复学导论》的基础上，增加了渐进式生态修复理论，重新梳理了国内外生态修复的案例，增加了河流渐进式生态修复导则。在编写过程中得到了华北水利水电大学丁一桐博士、杨育红博士等学者的支持，协助对本书内容进行补充修改。本书得到了河南省水圈与流域水安全重点实验室和深圳市可持续发展专项（KCXFZ20201221173601003）的资助。

目　　录

第四部分　大型生态修复项目

第五部分　历 史 案 例

第一部分 生态修复的价值与准则

本部分的第一章至第三章阐述了修复受损生态系统的重要性以及修复生态系统能实现的价值。生态修复是一门应用科学，人们可能会认为生态修复只与保护自然资源相关，或生态修复属于某一个学科方向。其实，修复生态系统可以实现个人价值，促进文化价值发展，实现社会经济价值。本书将阐述这些价值。

接下来的第四章至第七章将介绍生态学基础知识，以帮助认知生态修复背后的科学。这些章节将介绍生态系统的构成，讨论生态系统受损的后果。特别指出的是，这些章节将着眼于各种生态系统所共有的生态特征，并介绍生态系统遭到破坏的过程中生态特征的变化，也会简短地阐述生态修复与物理学的关系，特别是从热力学方面进行概述总结。第八章将论述生态修复需具有扎实的科学基础。开展生态修复也是为了实现人类价值，它已经远远超出了自然科学的领域。第九章将在以上章节的基础上提出渐进式生态修复理论，为生态修复项目的准备与实施提供了重要的理论基础。

第一章　生态修复的必要性

河流对人类至关重要。在地势高耸的青藏高原上，流淌着世界上著名的三大河流——黄河、长江和澜沧江（在下游地区被称为湄公河；图 1.1）。三大河流上游 300 km 河道几乎是相互平行的。它们为中国和东南亚地区提供了丰富的淡水资源，是沿线数十亿人的生活以及工农业生产的重要保障。没有它们，沿河社会经济和文化难以发展。

图 1.1　澜沧江（下游称为湄公河）河段（据刘学敏）

此河段位于青藏高原腹地、青海省南部的三江源地域。三江源代表三条河流的发源地，这三条河流分别是长江、黄河和澜沧江

大多数河流中的水来源于降水或冰川融水。降水和冰川融水通过广阔的山地汇流形成地表径流。自然植被能截留部分降水，还能减缓地表径流流入河流的速度。在丰水期，植被的这种缓冲作用一定程度上降低了下游地区的洪水威胁；在

枯水期，植被又在一定程度上维持了河流的基流量，从而避免河流断流。在自然生态系统中，植被和土壤发挥了过滤作用，它们能去除径流携带的悬浮颗粒物以及过量的营养物质，确保干净的水进入河流。

如果能有效地保护这些位于河流源头的自然生态系统，就能获得充足的、清洁的水资源。从山地流淌来的水是非常重要的，它能稀释由于农业、工业和城市生活而遭受污染的下游水体。当人类破坏了其赖以生存的生态系统对水体的调控作用，人类就会遭受洪水灾害、持久干旱、水体污染和工农业产品产量下降等不良后果。通过修复受损的生态系统可以阻止生态退化，并避免生态退化带来的不良后果，从而获得充足的清洁用水。世界人口急剧增长已经造成了生态超载，人类已不能对生态环境的恶化无动于衷。因此，必须着手修复退化的生态系统，才能有效遏制生态环境的进一步恶化。生态修复工作不能仅仅局限于某个流域或某条河流，必须考虑“整体与部分”的关系。也就是说，在治理某个流域或某条河流的过程中，也要考虑到其所属的自然区域以及该区域中人类赖以生存的其他自然资源。

因此，生态修复作为促进全球可持续发展的重要途径。随着全球气候变化、生态系统退化、环境污染等问题日趋严重，世界上很多生态系统的服务功能逐渐减弱。生态修复有助于提高生物多样性，改善人类健康和福祉，保障粮食安全和水安全，实现经济繁荣，并增强生态系统的弹性以及适应性。

需要明确的是，被修复的生态系统在短时间内甚至很长的一段时间内很难恢复到原来的状态。人类需要土地来发展工农业，需要土地来建设基础设施，等等。因此必须考虑需要修复多少土地才能满足经济发展的需求；必须考虑这些生态修复项目应优先在哪些地方开展，才能最大限度地保障居民的幸福生活；必须考虑这些生态系统要修复到什么样的程度，才能重新为人类提供自然服务，如保护人类免遭潜在的洪水威胁的自然服务。

当考虑这些问题的时候，必须认识到这些自然服务是自然生态系统无偿提供的，获得这些自然服务不需要花费额外的成本。制造业或工程项目也不需要为这些自然服务预支成本。此外，完整无损的自然生态系统往往可以自给自足，或仅需要简单的管理而不需要昂贵的维护成本。简而言之，自然生态系统是人类赖以生存和发展的基础和保障，它是人类最好的利益伙伴，因此人类应该尽全力来保护它。努力使退化的生态系统恢复到原来的状态，人类自身和社会经济的发展都将受益无穷。人类依赖自然服务才能生存（图 1.2）。

自 20 世纪以来，中国和世界其他国家和地区的人口急剧增加。之前，人类似乎有取之不尽、用之不竭的自然资源来满足自身的需求。但是今天，我们不再有这样的奢望。人类活动破坏了世界上几乎所有的生态系统。由于全球人口增长、环境污染、全球气候变化和外来物种入侵等不利影响，世界上现存的自然资源正在快速地减少。

图 1.2 人类依赖自然服务生存（据 J. 迪斯彭萨）

全球范围内生态修复研究的起源可以追溯到 20 世纪初，欧美国家率先开启的自然资源保护、利用和生态修复活动。20 世纪 30 年代，北美的“黑色风暴”敲响了美国和加拿大保护自然资源和生态环境的警钟，两国随后开展了为期数十年的“北美大平原”生态修复工程。20 世纪 50 年代开始，地球资源的过度开发引发了严重的生态危机，欧美国家开展了基于生物技术的矿山复垦、水土流失整治、森林恢复等措施，取得一定成效。20 世纪 70 年代之后，生态修复理论开始逐步建立。1975 年，在国际上第一次专门讨论生态修复的会议上探讨了生态系统退化以及修复的原理和特征等问题。1987 年，国际恢复生态学学会（Society for Ecological Restoration，SER）在美国成立；2002 年，SER 提出“生态恢复（ecological restoration）是协助已退化、损害或彻底破坏的生态系统恢复、重建和改善的过程”，界定了生态恢复的定义及基本原则。2019 年，SER 发布了《生态恢复实践的国际原则与标准（第二版）》，确立了生态恢复实践的八项原则（Gann et al.，2019），修复和重建退化生态系统已经成为自然资源管理的重要途径，是人类实现可持续发展目标的重要手段。2019 年，联合国大会宣布 2021～2030 年为“生态系统恢复 10 年”，将通过大规模地开展生态修复工作，应对气候危机，保障用水安全、粮食安全和生物多样性。2021 年，刘俊国等（2021）在多年生态修复的实践基础上提出了渐进式生态修复理论，旨在充分考虑生态系统退化状态，对受损生态系统进行循序渐进的修复。2022 年，联合国环境署将渐进式生态修复及其支撑的永定河修复案例作为中国典型的成果理论及案例向全球推广。2023 年，国际水文科学协会在新的国际水文十年计划（2023—2032）中专门成立流域渐进式生态修复工作组，标志着渐进式生态修复理论逐渐从中国走向世界舞台，成为国际研究的前沿。

目前，生态修复和自然保护的重要性仍未充分体现出来，很多城市居民目前只是片面地关注其所处的生活环境是否良好、能否维持他们的生活水准；许多生存在农村地区的居民仍通过破坏自然生态系统来寻找食物和燃料以保障基本生活。这样做预支了子孙后代赖以生存的自然资源的现象，存在于世界上很多地方（Martin et al.，2016）。

开展生态修复，既是我国促进可持续发展的重大需求，又是建设生态文明的重要举措。自 1978 年改革开放至今，我国的发展大致经历了三个阶段，生态修复在每个阶段扮演了不同的角色。①1978～2000 年是我国的“经济优先”发展阶段。改革开放给中国带来了前所未有的发展，然而 GDP 的增长常以环境破坏为代价，生态环境问题日益突出。为了防治沙漠化和沙尘暴，1979 年开始，我国在西北、华北和东北地区开启了为期 70 年的“三北防护林”工程。②2000～2012 年是我国从经济优先向生态优先的过渡阶段。日益严重的环境污染问题加大了政府对环境治理的重视程度。2000 年，中国开始实行“退耕还林”“退耕还牧”等政策，以应对水土流失和植被破坏等问题，促进了生态修复科学研究和实践的发展。③2012 年以后，随着“生态文明”政策的提出和深入，中国的生态修复有了跨越式的发展，进入“生态优先”阶段。2017 年起，环境保护部和国家旅游局开始施行国家公园制度，开启资源保护与开发利用新模式。2020 年，国家发展和改革委员会、自然资源部联合印发了《全国重要生态系统保护和修复重大工程总体规划（2021～2035 年）》，这是党的十九大以来，国家层面推出的首个生态保护与修复领域综合性规划，将重大工程重点布局为青藏高原生态屏障区、黄河重点生态区、长江重点生态区、东北森林带、北方防沙带、南方丘陵山地带、海岸带等“三区四带”。由此可见，如何科学精准地实施生态修复工程，成为我国生态环境治理的关键问题和技术难题。

中国设立自然保护区，目的是保护自然生态系统，从而逐步解决生态退化问题。中国如果要保障国家生态安全，就必须恢复大量退化的土地。虽然生态修复在中国已获得了高度重视，但是中国现阶段在生态修复理论以及工程实践方面的研究多聚焦在特定的生态系统类型，缺少具有普适性的生态修复理论。因此，在本书在已提出的生态修复执行标准基础上，针对生态修复研究和实践中存在的问题，进一步提出了渐进式生态修复理论。根据生态系统退化程度，分阶段、分步骤地采取“生态重建—生态修复—自然恢复”的修复治理模式。有效支撑了 2019

年发布的国际生态修复标准，改变了国际流行的将生态系统修复至退化前状态的传统修复理念，为因地制宜地确定生态修复方案提供了理论基础。

在中国，河流生态修复工作早已开始，如第二十四章的案例五——新泾港综合治理项目就是一个典型的例子。党的十八大以来，习近平总书记多次强调生态修复工作的重要性，把生态文明建设作为关系中华民族永续发展的根本大计。并于 2019 年在黄河流域生态保护和高质量发展座谈会上的讲话中强调“要尊重规律，摒弃征服水、征服自然的冲动思想”。因此在未来的生态修复工作中社会经济活动将会更多地评估环境问题，公众教育也会引导人们关注环境问题和与自身福祉相关的问题，人们也会去学习如何成为一位优秀的管理人员，并管理好其赖以生存的自然生态系统。

协助生态系统恢复

本书的关注点是：遵循自然规律，以自然恢复为主，辅以人工措施，修复受损的生态系统，并使其回到可以提供自然服务的状态，提高自然服务产生的经济效益。生态系统是指在一定的空间内，生物群和非生物环境构成的统一整体。生物群是指生活在一定地区内的所有生物，包括植物、动物、真菌和细菌。非生物环境包括土壤、水、大气，其受到的区域地形和气候影响。生态系统“受损”意味着人类造成生态系统逐渐退化，人类严重损伤或完全破坏生态系统，在未来只有辅以人工措施才能使生态系统得到恢复。生态“恢复”意味着至少能在一定程度上让受损生态系统的生态功能恢复到原来的状态。生态系统的恢复程度以“如果停止人工措施，生态系统是否还能持续地为人类提供生态系统服务”为判断标准。

协助生态系统恢复的目的是促使生态系统内的生物群和生物赖以生存的环境回到受损前的状态，并达到人类的期望值。让受损的生态系统恢复到原来的状态是一个很好的科学问题。在自然生态系统内物种与其所处的生态系统一起进化、一起经历了长久的生态时间和地质时间。不同物种间已经形成了复杂的联系，它们共同维持生态系统的稳定性，人类也从这些稳定的生态系统持续地获得自然服务。这种生态系统是自给自足的系统，它并不需要人来维护，除非土地利用方式的改变造成了它周围环境发生了极大的改变。与一个尚未恢复的生态系统相比，一个恢复良好的生态系统可以提供更多、更持久的优质自然服务。将受损的生态系统恢复到何种程度决定了恢复过程中所需要投入的成本和管理方式。如果一个生态系统能完全恢复，未来就不需要对它进行管理了。但实际情况是，一些现实因素使生态系统完全恢复变得不可能。这些现实因素包括经济、文化、政治、法律或技术等。因此，需要权衡好生态系统所能提供的自然服务与人类所需的自然服务之间的供需关系。最终，权衡结果也将影响生态恢复的程度。

不管生态系统的恢复程度如何，修复生态系统需要一个参考生态系统，用于表征受损的生态系统在受损之前的状态。在未来开展生态修复的时候，参考生态系统可以作为制定修复策略和计划的依据。描述参考生态系统的资料来源包括：针对生态系统受损前的描述和项目场地内可能存在的残迹资料；对其他相似的且未受干扰的生态系统的描述；历史记录和考古记录，区域性描述，与自然环境有关的历史描述和图片；各种各样的古生态证据，等等。

协助生态系统恢复是生态系统自我恢复的一种补充。生态修复要尽可能让生物群的生长、繁殖和重组等自然过程起主要作用。与此同时，也要尽可能少地采取人工措施。也就是说，为受损的生态系统提供基本的条件，然后让它自然演化，最后实现恢复。这种策略不仅降低了项目成本，也保证了最终的恢复效果——让受损的生态系统恢复多样性和功能完整性。需要采取什么样的人工措施取决于生态系统的类型和生态系统的受损程度。有时只需要恢复生物群，而不需要恢复生物赖以生存的环境；有时只需要恢复生物赖以生存的环境，而不需要恢复生物群。通常来说，生态修复只需要引入一部分生物或修复生物赖以生存的环境的某些方面。

生态修复是指通过人工措施对一个受损的生态系统进行部分恢复，有时候被称为修复。对一个受损的生态系统进行全面恢复，这通常被称为生态恢复。中国更多地使用“生态修复”这个术语而较少使用“生态恢复”这个术语。通常情况下很难区分修复和恢复，它们很容易被混淆。协助生态系统恢复能否让生态系统完全恢复，以及生态系统的恢复程度如何，只有等到项目完成后才能判断，这部分内容将在第十六章进一步阐述。项目往往只会对生态系统进行部分恢复，生态系统的自我恢复能力往往会自发地使自身逐步恢复到原来的状态。一个项目被称为修复或恢复并不重要。在本书，我们尽可能不使用“生态恢复”这一术语，不仅因为生态修复比生态恢复具有更广泛的适用性，也因为这涉及生态特征能恢复到什么程度。我们只有在必须使用“生态恢复”这一术语的时候才使用它，如我们会在与它有关内容部分和参考文献部分使用它。

国际生态恢复学会（SER）对修复和恢复进行了定义和区分。国际生态恢复学会是一个由来自世界各地的专业成员组成的机构，它致力于协助生态系统恢复的工作。SER（2004）将生态恢复定义为“协助已经退化、受损或被破坏的生态系统回到原来发展轨迹的过程”。同一文件对其做了进一步解释：“判断生态系统是否恢复的标准是在未来没有人类协助的情况下，生态系统中丰富的生物资源和非生物资源能否继续发展下去。”国际生态恢复学会制定了九项生态特征作为判断恢复何时完成的依据。这些特征可由参考生态系统得出。SER（2004）又进一步解释道：

> 修复和恢复都以某一历史时期的生态系统或先前存在的生态系统作为模型或参考，但是二者的目标和采取的策略不同。修复的重点是生态系统过程、生产力和生态系统服务。然而恢复还强调重建之前存在的生物群，即物种组成和群落结构。

国际生态恢复学会编写了《关于生态恢复的入门介绍》（*SER International Primer on Ecological Restoration*），该文件的中文版也可以在国际生态恢复学会的网站（www.ser.org）下载。

本书的第四章至第七章将详细介绍一些生态学基础知识，以帮助读者认知生态修复背后的科学。但是，读者首先需要了解生态修复实现了哪些价值，以及这些价值如何在项目修复目标中得以实现。

第二章　自然服务

生态修复项目一般耗时长，也需要大量的人力和财力支持。因此在实施生态修复之前需要经过细致的规划（Clewell and Aronson，2006）。生态修复的目的是将受损的自然区域部分或完全恢复到受损前的状态，因此实施生态修复必然与自然价值有关。开展生态修复是为了重新获得生态系统服务从而增进人类福祉，如避免洪水威胁、阻止土壤侵蚀、保障畜牧业发展等。生态系统服务产生于自然区域内的自然过程，它们也被称为自然服务。大多数自然服务类似于经济物品或工程服务，能被直接量化和被有效地监测。被广泛引用的联合国《千年生态系统评估报告》把生态系统服务分为四大类型：供给服务、调节服务、文化服务和支持服务（Millennium Ecosystem Assessment，2005）。

表 2.1 列出了四大生态系统服务类型中比较重要的内容。水是我们地球上最重要的自然资源，排在最前面的两项生态系统服务都与水有关。第 3～14 项生态系统服务也称为自然产品，这些自然产品由动物产品或植物产品构成，能从生态系统中获得，并被当作商品或被当地居民用于维持生计。对于生活在欠发达地区或偏远农村的人们，这些自然产品就显得尤为重要；对于生活在城市中的人们，因为制成品更容易获得也相对便宜，这些自然产品就显得不那么重要了。第 14 项的种质资源是指与传统种植作物和被驯化的动物密切相关的野生种。有时为了从驯化物种获得经济效益，会让驯化物种不断交配。培育人员通常依靠野生物种的遗传物质来克服近亲过度繁殖的不利影响。培育人员也采用基因工程来提高产品产量、提高作物抵抗病虫害的能力和提高它们对环境变化的适应能力等。

表 2.1　生态系统服务类型与内容

生态系统服务类型	生态系统服务内容
供给服务 （“自然物品”）	1. 提供饮用水； 2. 提供灌溉用水、其他工农业用水或运输废弃物途中的用水等； 3. 提供木材用于制造木板、木杆或建筑材料等； 4. 提供茅草或纤维用于制作茅草屋顶、草席、工艺品、纺织品或绳索等； 5. 提供木柴用于烹饪、取暖和生产木炭； 6. 提供家畜饲料和青贮饲料； 7. 提供药用植物；

续表

生态系统服务类型	生态系统服务内容
供给服务 （“自然产品”）	8. 提供天然染料或天然色素用于纺织品、制革、食品添加剂或化妆品等； 9. 提供树胶、树脂、胶乳等； 10. 提供调味剂、芳香剂或香料等； 11. 提供人类食用的非肉类产品，如坚果、浆果、蘑菇、植物根茎、蜂蜜、天然甜味剂、植物油或藻类等； 12. 提供人类食用的肉类产品，如兽肉、鱼类和贝类等； 13. 提供动物制品，如兽皮、动物肌腱、骨头、羽毛、贝壳或珍珠等； 14. 为传统种植作物和被驯化的动物提供种质资源库（遗传物质），从传统种植作物和被驯化动物的野生种中获取相关基因来克服过度近交的不利影响、增强它们抗病性和获得所需要的性状
调节服务 （“自然服务”）	15. 通过湿地调蓄潜在洪水和调节地下水； 16. 去除浑浊水体中的悬浮颗粒物从而净化水质； 17. 固化沉积物中的颗粒物和污染物； 18. 降解水体、土壤中的有毒物质和过量营养物质至无害状态； 19. 减轻土壤侵蚀-沉积作用； 20. 减少自然灾害，如预防山体滑坡或减轻台风灾害影响、降低飓风对海岸线的影响； 21. 维持大气中氧气、二氧化碳和其他气体的含量相对平衡； 22. 减缓全球气候变暖的影响； 23. 消除大气颗粒物从而减少空气污染； 24. 通过树木和其他植物减轻人类产生的噪声； 25. 为传粉动物等提供生境，这对传统种植作物十分重要； 26. 通过为蜘蛛、鸟类等捕食者提供生境来控制农业害虫； 27. 为鱼类或其他野生动物创造良好的小气候与生境
文化服务	28. 给人类提供一个良好的社区环境； 29. 提供美学价值； 30. 提供休闲胜地或标志性景点； 31. 为人类提供消遣的地方； 32. 生态旅游
支持服务	33. 保障水、矿物质和氮等物质的循环； 34. 增加土壤中腐殖质的含量； 35. 保障水体和土壤的缓冲能力

调节服务（表 2.1）是指调节人类生态环境的服务。在之前的章节已经阐述了第 15～17 项的水土保持与水体自净作用。导致水体浑浊的悬移质会因水流速度减缓而沉降下来，进而成为土壤或沉积物。截留地表径流的最有效的方法之一是种植莎草、灯芯草等草本植物，木本植物由于根茎较少，其截留作用不大理想。在河流或其他流动的水体中，扎根于底泥的挺水植物能有效减缓水流速度。如果为

了疏通河道而去除挺水植物，便会增加水体的浊度。

水质调节作用（第 18 项）主要涉及湿地与水生生态系统，它们能去除水体中的悬浮颗粒物、降解沉积物中的污染物和控制致病微生物，也能将污染物质降解成结构相对不复杂的惰性化合物。含氮化合物的转化过程是十分重要的，特别是从农业灌溉区产生的径流，其在到达湖泊或其他大型的水体之前往往具有非常高的氮含量。氮元素是植物的必需元素之一，含氮化合物是化肥的重要成分之一。土壤中的含氮量过高会刺激杂草生长；水体中的含氮量过高会导致藻类大量繁殖，暴发的藻类在夜间呼吸大量消耗水体中的溶解氧，溶解氧的降低又会导致鱼类和其他水生生物大量死亡。这种营养盐富集（N、P）的过程被称为富营养化。发挥防洪、蓄水或供水功能的水库由于受到时间和季节等因素的影响，其富营养化情况更严重。

通过减缓水流流速能减轻土壤侵蚀-沉积作用（第 19 项）。高覆盖度、根系发达的草本植物能起到至关重要的作用。这些草本植物能截留土壤颗粒和减缓地表径流的输运作用，使土壤颗粒逐渐沉降成为沉积物。相对于草本植物，灌木和乔木等植物产生的阻滞作用要小一些，但它们也能提供这样的生态系统服务。由红树林和沙丘植物等构成的生态系统能抵抗海浪对海岸线的冲击，从而保持海岸线的稳定。红树林内复杂的根系起到了主要的作用。除此之外，大片沿岸的海草的根牢牢扎根于松散的沙丘中，就犹如钢筋混凝土筑成的墙一般。一旦这些海草生态系统退化，一次季风事件可能就会导致大型沙丘完全消失。

种植具有发达根系的植物能减少山体滑坡、风暴潮和海啸等自然灾害的发生（第 20 项）。在山体上进行植被重建，不仅能防止山体滑坡，也能减少土壤、细碎岩石等的流失，还能减少河谷地区土壤侵蚀。植被重建降低了村庄被山体滑坡毁灭的风险。需要强调的是，大多数山体滑坡属于地质灾害，森林等生态系统无法阻止地质灾害的发生。相对于裸露的土地来说，在植被覆盖度高的斜坡处发生山体滑坡的可能性较小。但一旦发生大规模山体滑坡，任何生态系统都不能阻挡。

生物圈能调节大气中氧气、二氧化碳和氮气等气体的平衡（第 21 项）。大气中各气体的含量维持稳定能缓解全球气候变暖（第 22 项）。全球气候变暖是由于人类活动向大气中排放了过多的二氧化碳、甲烷等温室气体，超过了自然生态系统的调节能力。但是全球气候变暖并不能都归因于大气中“温室气体”含量的增加。太阳辐射到达地球表面后，一部分转变为热能从而导致地球温度上升；另一部分被绿色植物通过光合作用捕获，并将其转变为碳水化合物存储化学能；还有一部分被直接反射回了太空中。

蒸腾作用是指水从植物体表面以水蒸气的形式散失到大气中的过程。在大热天里，如果一个人到森林里散步，由于植物的蒸腾作用和森林反射太阳辐射，人在森林里会觉得凉爽。植物蒸腾可以调节气温。树木的根系会从土壤中吸收大量的水，来补充自身因蒸腾作用而散失的水分，水分进一步从树冠层叶片表面再次散失到空气中。我们也可以这样理解：一棵树就像一根巨大的灯芯，它把土壤水和地下水转移到大气层中。所有植物的蒸腾作用一定程度上能起到降温作用。然而与乔木相比，草或其他低矮植物的蒸腾作用要小得多。如果森林等自然生态系统遭到破坏，那么碳水化合物的供应将会减少，植物反射太阳辐射的作用和植物的蒸腾作用也会减弱。所以，自然区域内土地利用方式的改变也可能会导致全球气候变暖。

自然植被像一块挡板，它能清除空气中的灰尘与沙尘，在城市区域，它能降低城市噪声（第 23、24 项）。治理农作物害虫，可以为害虫的天敌在靠近农田的自然区域创造生境来实现（第 25 项；图 2.1）。这些捕食者包括昆虫、蜘蛛、鸟类、蝙蝠等，它们捕食蚜虫、蝗虫和其他害虫。它们的存在不仅能提高农作物产量，也能减少农药的使用。它们还常常以蚊虫和传播其他疾病的生物为食，因此在一定程度上能降低疟疾和其他人类疾病发生的概率。如果它们的生境被破坏，它们就可能会从当地消失。传粉生态系统服务也是相似的方式（第 26 项）。蜜蜂和其他传粉动物喜欢在条件良好的自然区域繁衍生息。如果这些自然区域靠近农田，那么这些传粉者就能为农作物提供传粉这一基本的生态系统服务。

图 2.1 治理农作物害虫（据 J. 迪斯彭萨）

这个区域内的农田不需要喷洒农药，因为周边的自然环境为农田害虫的天敌提供了良好的生境

自然生态系统能为各种各样的动植物提供生境，这些动植物包括：珍稀物种、濒危物种以及供人类观赏的物种。其中一个主要原因是生态系统所提供的生境有着复杂的群落结构，能抵御极端气温、大风或干旱，并有利于形成小气候从而为生物提供其所需要的生存条件（第 27 项）。在大风、炎热或干燥的天气条件下，森林内的小气候能创造出一个相对安静、凉爽和湿润的环境。草地生态系统内小气候分布广泛，这些小气候为昆虫和其他小型生物提供了其所需要的生存条件。自然生态系统的退化会导致小气候效应的消失。如果某个区域内的生态系统退化问题越来越严重，那么该区域内的气候条件可能会变得越来越炎热和干燥从而产生荒漠化现象。荒漠化问题已经被广泛认为是全球最重要的环境问题之一，它会导致农作物产量和可耕种土地面积的减少。进行生态修复的主要原因之一是防治荒漠化（见第二十四章的案例三）。《联合国荒漠化防治公约》正推动世界上许多国家和地区着手解决荒漠化问题。

联合国《千年生态系统评估报告》（Millennium Ecosystem Assessment，2005）认为自然生态系统还可以提供文化服务。对自然区域界定可以强化个人对某地的归属感，也可以让那些志同道合的人聚集起来（第 28 项）。人们在谈论自己居住地的时候，通常会谈及其居住地有哪些自然景色，如山川或者河流，一些具有观赏价值的自然景观会吸引游客前来观赏（第 29 项）。自然生态系统能提供一些标志性景点，如公园和自然保护区（第 30 项），这些地方能激发人们的创造力、唤醒人们的艺术细胞和呼应人们的感情流露，特别是一些宗教圣地，还能提供宗教价值。自然区域还可以作为开展教育活动的地方，从而让大家认识自然和保护自然，这些各具特征的自然区域成为人们消遣和游玩的好去处（第 31 项），这样就吸引了大量的生态旅游者。生态旅游为当地发展提供了新的契机，也为当地提供了更多的就业机会（第 32 项）。

最后，联合国《千年生态系统评估报告》（Millennium Ecosystem Assessment，2005）认为，包含土壤形成、矿物质元素循环以及水循环等在内的支持服务都与生态系统功能紧密联系（第 33 项）。植物的叶片、根系和其他碎屑物被不断降解成有机质的过程，支持上述三项生态系统服务循环往复（第 34 项）。腐殖质能显著提高土壤微观表层持水能力。微生物又把腐殖质降解为可供植物根系吸收的营养盐，这些内容会在第四章进行详细介绍。一些微生物在氮元素的循环过程中起着至关重要的作用，如生物固氮（N_2），微生物合成参与动植物新陈代谢的含氮化合物（NO_2^-、NO_3^-、NH_4^+）。这些是所有生态系统都需要的生态系统服务，它们对于生态系统功能的实现十分重要。就像我们需要氧气和水来维持自身生存一样，它们对于发展各类经济的重要性，再怎么强调都不为过。生态系统对酸碱的缓冲能力是另一种支持服务，它能减轻酸雨的有害影响（第 35 项）。

这些生态系统服务会因为生态系统被破坏或土地利用方式的变化，而减少或消失。当生态修复以恢复生态系统服务为单一目的的时候，项目规划人员往往只能通过复原那些能产生生态系统服务的关键物种和关键群落结构，用来缩短项目周期和压缩项目经费。从长远的角度考虑，这种方式往往花费巨大而且耗时长。因为生态系统很难再有如原来一样的多样性、自组织性和自我可维持性。结果就是，如果要继续获得生态系统服务，就需要长期维护生态系统。此外，没有完全恢复的生态系统所能提供的生态系统服务，比完好的生态系统所能提供的生态系统服务要少得多。基于这些原因，尽可能对生态系统开展全面的恢复工作至关重要。

第三章　生态修复的价值实现

联合国《千年生态系统评估报告》（Millennium Ecosystem Assessment，2005）认可了“生态系统服务”这一术语，“生态系统服务”现在已被广泛用于自然资源保护与管理和生态修复等学科领域。一般来说，“服务”是一种提供劳动从而获得利益的行为，如工程师提供服务从而获得报酬，这种服务往往很容易被客观化、被概括总结并用货币衡量。通过对实际情况进行分析和总结，供给服务和调节服务（表 2.1）很容易被量化。如提供药用植物（第 7 项）或防洪服务（第 15 项）产生的价值可以通过人工种植药用植物和人工修建防洪工程所需投入的成本来衡量。

联合国《千年生态系统评估报告》（Millennium Ecosystem Assessment，2005）划分的文化服务和支持服务的适用性并未获得一致认可，因为这两类生态系统服务不能被客观量化。人们不能用金钱去衡量对某个地方的感觉（第 28 项）、美学价值（第 29 项）、氮循环的经济价值（第 33 项）等。这些“服务”不是通常意义上的服务，它们是无价的，尽管如此，它们仍是全人类必需的“服务”。正因为如此，本书更倾向于采用 Clewell 和 Aronson（2007）提出的分类方式，这种分类方式以人类价值观和生态恢复的角度为出发点，具有更广泛的适用性。随后 Clewell 和 Aronson（2013）对这种分类方式进行了详细地解释。这种分类方式可以用四象限模型来表示，四象限模型用于描述生态恢复和不同程度的生态修复能实现的价值。这个模型的一大优点是强调了各个类别之间和每个类别内各因素的协同作用。这部分内容将在后续的内容进行解释。

Clewell-Aronson 模型将生态修复价值分为四大类：生态价值、社会经济价值、文化价值以及个人价值（图 3.1）。与联合国《千年生态系统评估报告》（Millennium Ecosystem Assessment，2005）不同的是，他们将个人价值从文化价值里面区分出来。Clewell 和 Aronson（2013）认为供给服务和一部分调节服务可以作为社会经济价值的组成部分，他们划分出了生态价值，并把支持服务和一部分调节服务归到生态价值。

图 3.1 表示生态修复的四类价值，价值可以分为主观价值和客观价值，也可以分为独立价值和共同价值。生态价值是客观的，因为生态价值能通过相对简单、可重复的实证研究衡量出来。同时，生态价值也是相对独立的，因为不同的自然

区域或生态系统具有不同的特征。生态价值开始于修复受损的自然环境的方方面面——土壤、水文、盐度等，这些过程能重建与生态系统相适应的物种。生物群落中包含了各种各样的物种，它们完善了生态系统功能，如生长繁殖、捕食关系以及营养物质循环等。由于生态系统功能和群落结构不断发展，生境、生态位等的复杂性程度也不断发展。随着复杂程度不断发展，群落逐渐拥有了自组织能力，它不需要外界的帮助就能抵御不利影响。伴随着自组织能力不断发展，生态系统会具有生态弹性，生态系统就能抵御不良干扰以确保自身能持续发展下去。如果没有了生态弹性，可持续发展就不能得到保障；如果没有自组织能力，也就没有生态弹性，依此类推，最终就回到了由不同动植物构成的复杂群落结构和正常的生态系统功能。象限中的每一种价值环环相扣，只有完成好上一步工作才能顺利开展下一步工作。在生态价值象限中，一种生态特征就是一种价值，最基本的价值就是能为生物群落提供良好的发展环境。生物群落结构和功能又是其他价值的基石，依次下去就到了生态系统可持续发展这一最高价值。一旦实现可持续发展，受损的生态系统就会逐渐恢复其原有的生态结构和功能，这也称为全面恢复，全面恢复的一系列过程构成了一个个子整体（图 3.2）。

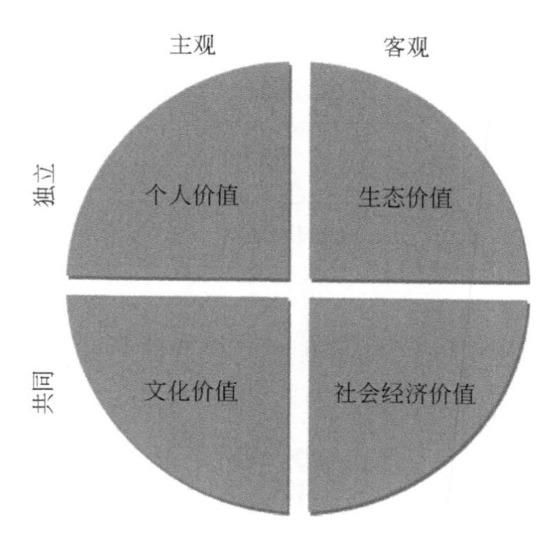

图 3.1　用于描述生态修复价值的四象限模型

社会经济价值最初产生于生态系统提供的供给服务与调节服务（表 2.1）。随着生态系统服务越来越多样，人类从中获益匪浅，合理利用这些生态系统服务促进了社会的发展。开明管理模式不仅有利于公平分配，也有利于生态系统不断提供生态系统服务。这样的管理模式能保证可持续发展和社会繁荣，然而这种管理模式往往由于人类的无知或人性的弱点而无法实现。尽管如此，未来仍然掌握在我们自己手中。按照既定步骤有序地从获取生态系统服务，过渡到实现开明管理模式，以及社会可持续发展和共同繁荣，就是社会经济价值的子整体（图 3.2）。

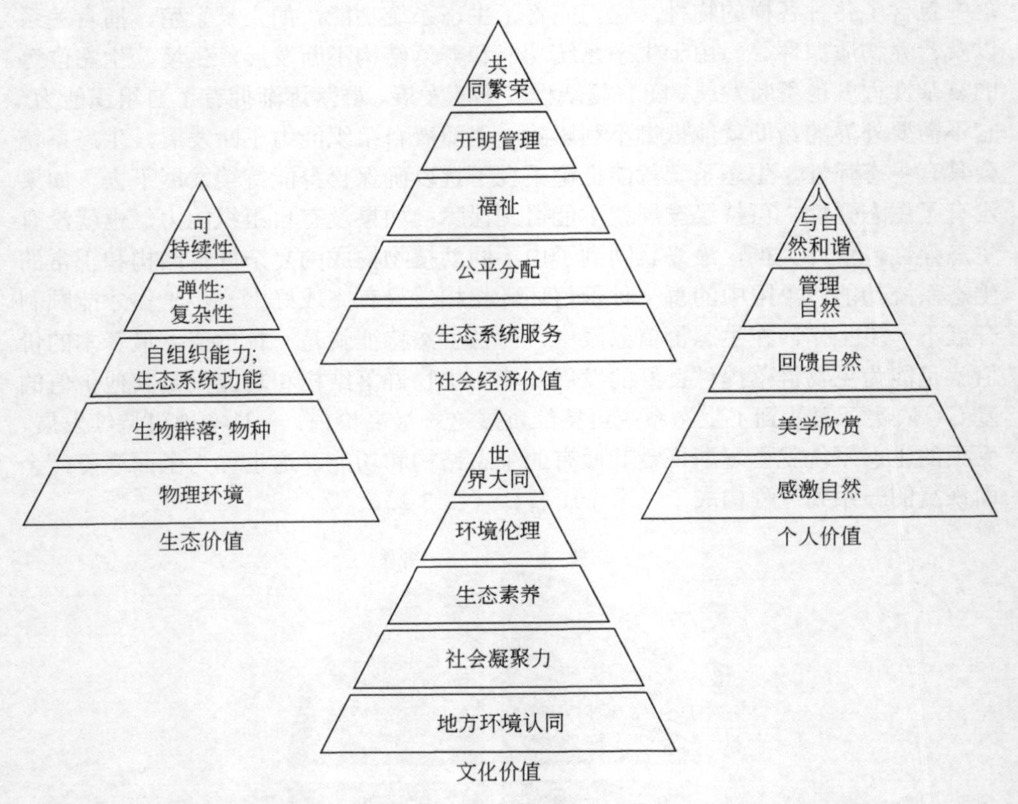

图 3.2　生态价值、社会经济价值、文化价值及个人价值子整体示意图

文化价值起源于人们对自己居住、工作、娱乐，以及举办宗教、非宗教庆祝活动所在地的社会认同，公园和宗教圣地是很多地方的标志性景点。只要有人居住或聚集的地方都有价值。人们共同努力修复自己赖以生存的生态系统，这一过程强化了人们对周围环境的认同，这种认同又发展成社会凝聚力。“凝聚力”是指人们团结在一起，为了共同的价值不断努力。如果人们意识到蕴含在修复受损的生态系统过程中的各种价值，那么人们也会十分愿意参与到生态修复工作中的各个阶段。随着大众对生态修复越来越感兴趣，生态素养也随之提高。生态素养包括人们对环境管理的重要性的认识，因为环境管理涉及获取和公平分配生态系统服务。人们的共识又形成环境伦理，环境伦理又进一步强化了人们保护生态系统和完善环境管理的意识。从地方文化到地方制度，再到生态素养，最

后到环境伦理的发展过程，构成了文化价值的子整体（图 3.2）。

个人价值产生于个人对自然的感激和对生态系统服务的依赖程度。人类获得的社会产品都隐含了环境成本。例如，倾倒工业和城市生活垃圾污染了河流沿岸与河口生态系统，这些水生生态系统能创造社会经济价值。社会各部门在无意之中对环境造成的危害并没有被统计出来，然而这部分危害需要由整个社会来承担。爱护环境的人自觉保护环境，他们弥补人类对环境造成的破坏，也从中不断提升自我；他们献出自己的宝贵时间，参与到保护与管理自然资源的工作中，参与到被人类的无知或人性的弱点破坏的生态系统的修复工作中，这种强烈的奉献精神强化了个人对自然的感激和个人对自然美的感受（图 3.3）。从欣赏自然到参与管理自然，再到人与自然和谐共处的发展过程，构成了个人价值的子整体（图 3.2）。

图 3.3 在美国密西西比州地区，一群年轻的志愿者从参与湿地修复项目中收获了个人价值，同时他们也收获了文化价值，生态素养从中得到了提高（据 J. 凯利）

Clewell 和 Aronson（2013）认为，实现一个类别中的某一种价值有助于实现另一个类别中的某一价值。例如，保持土壤稳定（生态价值）能提高作物产量（社会经济价值），培育社会凝聚力（文化价值）能增进个人福祉（个人价值）。换言之，一个优秀的项目规划会考虑如何获得尽可能多的价值。当项目规划和管理人员明白这些道理时，他们就会综合考虑不同类别的价值和同一类别中的不同价值。通常情况下，一个考虑不周全的项目会在无意之中对环境造成破坏。因此，考虑周全的项目规划不仅可以避免破坏环境，也可以获得一些额外的价值。

在发展一个子整体的同时，逐步发展其他三个子整体，四个子整体协同共进，这是生态修复的一个基本原则。虽然在理论上有许多社会结构和经济理论，但是现实中仍然没有办法让社会发展到政治哲学家所描述的“乌托邦世界”。虽然有人类学和各种各样的当代文化，但是没有一种文化能成为大地伦理或文化共同体的持久代表。如图 3.2 所示，个人、文化和社会经济的发展都与生态系统的健康状况和完整性密不可分。在没有理智地认识到这个基本原则之前，我们不指望人类目前的状况会有很大的改善。

在不耗尽自然资源的情况下，如何实现社会繁荣、培育文化凝聚力和实现个人价值？当我们静心思考时，答案就呼之欲出，就是尊重自然。自然维系着社会经济价值、文化价值和个人价值。大自然是人类最好的朋友，人类要去回报和保护它。只有努力恢复全球范围内受损的自然生态系统，才能实现自然和社会之间的平衡。如果能将生态价值子整体与社会经济价值子整体、文化价值子整体、个人价值子整体同步考虑，就有可能使人类的发展达到新的高度。从根本上讲，这也是为什么四个子整体对恢复受损的生态系统如此重要。人类也是一个物种，也要依赖生态系统而生存；因此，在人类进步的道路上看似无法逾越的障碍，也是可以逾越的。当所有潜在的价值被全面考虑时，修复生态系统就不是只考虑采取哪种措施来管理自然资源那么简单了。实际上，修复生态系统远不止这些。因为它已成为促进人类发展和增进人类福祉的基本条件之一。

图 3.2 所展示的社会效益的实现方式之一就是中国政府大力倡导的“绿色发展”理念。在这个理念的引领下，中国对自然的重视程度就如同对经济发展的重视程度一样，生态修复是保护自然资源的一种新途径。在过去，保护意味着合理地利用自然资源以及保护人类想要保护的自然区域，这种双管齐下的做法试图尽可能地保存人类日益减少的自然资源。生态修复是一种全新的方式，它通过将受损生态系统的功能恢复到接近正常水平来恢复自然资源，并试图恢复生态系统的自然发展过程。面对资源日益枯竭和世界人口不断增长的现实，我们别无选择，只能开展生态修复。生态修复不仅可以维持我们当前的生活水平，而且可以维持我们长远的发展，这就是“绿色发展”的意义所在。

第四章　生 态 系 统

地球上存在着各种各样的生物，包括植物、动物、真菌、细菌以及病毒等，它们分布于地面、土壤、水体以及大气中。这个区域被称为生物圈，是生物活动发生频繁的区域。一些鸟类可能会飞行数千千米，鲸鱼和鲨鱼也可能会游数千千米。风把孢子和花粉传播到世界各地。植物光合作用产生氧气可能会被地球另一端的动物吸入。生物圈是密不可分的。至少在某些方面，局部发生的事情会影响到整个生物圈。“生物圈”由地质学家 Eduard Suess（1875 年）提出，并将它定义为地球上有生命的部分。

我们极少考虑整个生物圈，实际上，我们关注的是一个特定区域的某一方面。生态学家和自然资源管理者也不例外，他们通常只关注他们感兴趣的区域并把它看作一个生态系统，一个生态系统可能是海滨、池塘（图 4.1）或者山地；也可能是树洞，一只鸟在里面筑巢或一只动物在里面冬眠。一个生态系统的大小可以是任意的，因为它仅仅是根据需要而进行的主观划分。

图 4.1　南方科技大学池塘生态系统（据刘俊国）

这个生态系统中的水生生物有水草、鱼和青蛙等。生物赖以生存的环境包括：大气、池塘中的水和底泥等。生态系统功能产生于这些生物以及生物与其所处环境之间的相互作用

确定生态系统边界后，人们往往就会忽略边界外，而只关注边界内的特征。例如，在特定海拔上占据了特殊地形的某个森林生态系统，不仅有独特的土壤条件和水分条件，还有一些独特的动植物和其他生物。这些生物之间相互影响，并与其生存环境相互作用。虽然生态系统具有明显的独特性，但是必须牢记：生态系统只是一种抽象——是根据需要对生物圈进行的主观划分，只有生物圈本身才是真实的。

生态系统是生态学的基本单元，也是实施生态修复的基本单元。生态系统由A. G. Tansley（1935）首次提出，其定义为“生态系统”是一个统一整体，这个系统不仅包括生物，还包括生物所处的环境。生物包括所有的动物、植物、真菌、细菌等；环境包括大气、水、土壤或基质以及有机碎屑等。碎屑包括死去的动植物和微生物的残留物，如落叶、朽木以及动物残骸等。这些残留物不断变成更细小的有机物颗粒渗入土壤里成为腐殖质，或在一些湿润区域沉降成为泥炭或淤泥。

生态系统内不同的植物、动物以及其他生物的集合称为生物群。在生态系统内同种生物的所有个体组成了种群，如所有的中国栗树组成一个种群或所有的雪豹组成一个种群。生态系统内的不同的生物种群组成了生物群落。群落不仅有不同的物种，还具有一定的结构，如物种多度、植物体型大小、植物生活型（乔木、灌木、草本植物、苔藓等），以及它们的空间分布等。森林的物种多度和植物生活型就与草原不同。通常为了方便，生物群落的命名一般是依照群落中的主要优势种或者种的某些个体的集群。

生态系统中的生物组成可以划分为多个层次，包括：

- 生物个体；
- 种群和该种群的遗传、变异与自然选择；
- 拥有同一生活型的物种集合；
- 群落（所有生物种群的总和）。

另外，每个生物个体拥有独特的遗传物质或基因，遗传物质或基因会通过有性繁殖在后代进行重组。相对于其他种群来说，一个种群内的遗传物质往往是独特的。生态系统具有独特的物种多样性和遗传多样性，这种现象被称为生物多样性，它是一定时间和一定地区内所有生物物种及其遗传变异和生态系统复杂性的总称。物种的体型大小和生活型也会影响生物多样性，如森林中的大树或干旱草原上低矮的草。

要对生态系统进行有效管理，就必须要先划分出同类生态单元（Lugo et al.，1999）。美国地质学家 Robert Bailey 提出了生态区划方案，他把生态系统划分为微型生态系统（同类区域的集合，约 10 km^2 大小）、中型生态系统（景观尺度，约 1000 km^2 大小）和大型生态系统（生态区域，约 100000 km^2）。

同时，生态系统还能划分为自然生态系统与人工生态系统。人工生态系统包括农业生态系统、城市生态系统、果园生态系统、人工林生态系统等。而自然生态系统包括水生生态系统和陆地生态系统。

- 水生生态系统：
  - 海洋生态系统，河口生态系统；
  - 淡水生态系统；
    - 湖泊生态系统，池塘生态系统，
    - 河流生态系统。
- 陆地生态系统：
  - 森林生态系统；
  - 林地生态系统，热带稀树草原生态系统、灌木林生态系统；
  - 草原生态系统；
  - 沙漠生态系统。

生态系统不是一成不变的，同时，生态系统就像博物馆里面的展品一样，是独一无二的。植物不断生长并与其他植物争夺土壤中的水和营养物质；植物开花后，经过授粉形成种子，种子从植物体脱落后落到不同的地方；动物为了寻找食物、求偶或躲避危险而不断迁徙；各种各样的生态过程持续不断地发生，即使在积雪覆盖的土壤里，植物根系也能继续生长，碎屑物也在不断降解。所有的这些生态系统过程又被称为生态功能或生态系统功能。如果生态系统过程维持在正常的范围内，可认为生态系统运转正常或生态系统健康。

许多重要的生态过程都与生物获取食物的方式有关。植物被称为生产者，它们可以通过光合作用合成有机物；而动物被称为消费者，它们以植物或其他动物为食。直接以植物体为食的动物被称为食草动物，如兔子或麋鹿等；以动物为食的动物被称为捕食者，也被称为食肉动物，如蛇或猫头鹰等。食草动物以植物为食，食肉动物以动物为食，大型食肉动物吃小型食肉动物。生物在食物链之中所处的位置被称为营养级，植物位于营养级的底部，大型食肉动物位于营养级的顶端（图 4.2）。在生态系统中，上一营养级的能量中，只有 10%左右的能量能输入下一营养级。也就是说，上一营养级约 10 倍重量的有机体对应于下一营养级 1 倍重量的有机体，图 4.2 就暗示这种营养级关系。

其他重要的生态系统过程还包括钙、磷、钾等矿物质的循环过程。例如，枯落的树叶和其他较为粗糙的碎屑物被蚂蚁、蚯蚓和其他昆虫分解为微小的颗粒物，这些微小的颗粒物在土壤中不断积累成为腐殖质。然后，真菌和细菌不断降解腐殖质成为矿物质，植物根系从土壤或水体中吸收这些矿物质。在陆地生态系统中，通过降解作用形成的矿物质绝大部分被土壤中的真菌吸收，这些真菌穿透了树木、草本植物和其他植物的根系。一方面，某些真菌能从土壤中吸收磷等矿物质供给植物；另一方面，这些真菌又能从植物体中获取碳水化合物。最终，真菌与植物根系形成了互利共生的关系，植物根系和真菌菌丝形成了菌根，真菌还可以通过孢子繁殖形成子实体，如我们食用的蘑菇（图 4.3）。

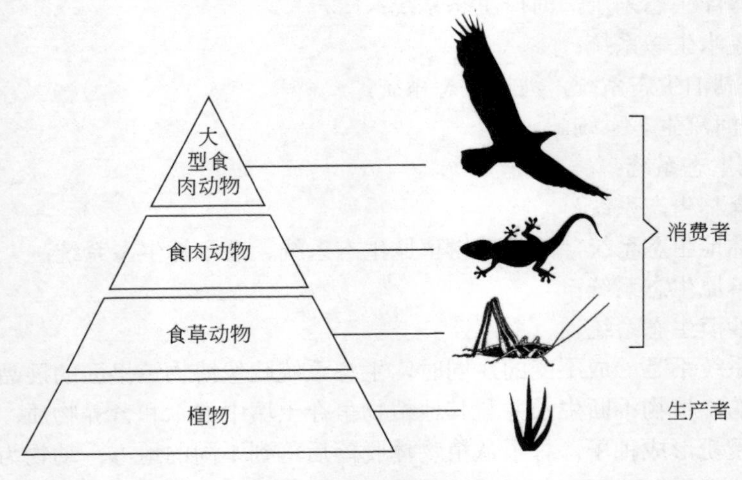

图 4.2 营养级示意图

图 4.3 由真菌孢子繁殖形成的蘑菇（据 J. 迪斯彭萨）

另一种生态过程是生物固氮。固氮微生物（包括蓝藻，又称蓝绿藻）将大气中的氮气还原，然后又将其转化成可利用的形式，如氨或硝酸盐。其他的细菌又把含氮化合物转化为氮气重新释放到大气中，整个过程被称为氮循环。有时这些固氮细菌会集中在某些植物的根部，特别是豆科植物的根部。

降雨是生态系统中水循环的一个重要过程，部分雨水被植物截留；部分雨水渗入土壤中，土壤中的腐殖质或其他碎屑物会吸收水，以供植物根系、真菌或一些生物使用。同时，大量的水通过植物的蒸腾作用返回到大气中，特别是树木的蒸腾作用会使大量的水从树木的叶片表面返回到大气中。

由于拥有无数的生态过程，生态系统在动态变化着，生物多样性也在不断变化。植物的生物多样性体现在其生长、繁殖、死亡或被其他植物代替的过程。正是因为这些原因，不同时刻下的生态系统有着不同的状态。当生态学家谈论生态系统或生态系统中的物种组成和环境状况时，通常是指某一时刻的生态系统。动态变化常常是周期性的变化或是季节性的变化，如树木在春天发芽、在秋天落叶。有时候这种变化是单向的，如气候变化或公共项目占地导致自然湿地消失。除正常的季节性变化外，其他大多数变化会影响种群数量，物种种群的变化主要体现在物种多度发生了变化，或完全消失，或被新物种替代。

生态系统是不断变化的，然而学术界以往通常假设生态系统是保持不变的，这种假设是不准确的。的确，大多数自然过程倾向于加强生态系统稳定性，但完全稳定的状态是罕见的、暂时的。由于人口流动和环境变化，生态系统永远不会达到平衡状态。结果就是，尽管人们不断付诸行动去维持生态系统稳定的状态，但生态系统仍在不断地改变。例如，一些自然管理者曾在大学学习过保护生态系统的方法；而实际工作中，他们会发现他们的责任是去保护生态系统适应变化的能力，这种变化有时是缓慢的、逐步的，有时却是迅速的、突然的。这是一个相对较新的理解方式，如果一些站不住脚的理解方式仍被许多专业人士接受，将影响他们的专业判断和管理决策。

生态系统不像孤岛，它不是孤立存在的，相邻的生态系统会相互作用。鸟类、大型动物和会飞的昆虫会花费大量的时间，在不同的生态系统之间进行迁徙；植物种子和真菌的孢子也能散布到不同的生态系统中；流水会携带溶解物、沉积物以及碎屑，从一个生态系统到另一个生态系统。能量流动和物质交换在不停地发生，生态系统依赖这些过程正常运转下去。生态系统受损后会影响到生态系统之间的能量流动和物质交换，如果某一生态系统遭受破坏，周边的生态系统也会受到不利影响。针对周边生态系统的恢复也是本书的一个重要研究内容。

第五章　生态系统的破坏与修复

所有的生态系统至少在某些时候会受到胁迫。寒冷、干燥、侵蚀、沉积、火灾、洪水、盐碱化以及水体缺氧等会威胁到不同的生态系统。这些胁迫因子具有季节性和一定的频率与强度，一个正常的生态系统能将这些胁迫因子当成正常的干扰来应对。只有少部分的生态系统能不受胁迫因子影响，并保持稳定，如在热带雨林，全年的降水量充沛；又如在海底，底栖生物主要是掘穴动物或是几乎不动的动物。在大部分生态系统中，胁迫因子是不可避免的，生物必须为适应环境而不断进化。

一个健康、完整的生态系统具有生态弹性，从而能抵御胁迫因子的不利影响。例如，大风和低温都会威胁到生态系统，而森林里枝繁叶茂的树木可以避免被狂风折断，因为茂密的森林的树冠层由小而坚韧的树叶组成，它们能起到偏转风向的作用，这样风就不会直接穿过森林；在落叶林中，秋天的落叶能起到保温的作用，树木在春天又重新长出嫩芽；在寒冷的天气里，常绿树种会把溶质浓缩在细胞内来降低凝结点。

一些生态系统在受到干扰后会直接、迅速地自我恢复。例如，松树种子可以在封闭的锥形果壳中保存数年之久，只有在受到刺激后（如火），果壳才会逐渐打开，此后数小时内，种子便从树上脱落；同时，火还可以清除土壤表层的树叶，并烧掉可能存在竞争关系的灌木丛，从而为种子提供了一个良好的苗床；原有的松树林被大火烧掉后，松树种子会生根发芽并成为幼苗，这样又逐渐形成新的松树林。这种自发的、不施加人工措施的复原过程被称为自然更新，即一个生态系统在受到干扰后可以自我恢复，并且优势物种保持不变，如松树林在被火烧之后没有变成草地。自然更新过程包括个体的生长与繁殖以及生物群落的再生与恢复，持续到生态系统恢复至干扰前的状态。

生态系统抵抗生态压力或在受到干扰后充分发挥自我恢复的能力被称为弹性。除非受到严重的自然干扰，弹性生态系统一般具有自我恢复的能力。与自然干扰相比，人类活动导致的干扰对生态系统更具破坏性（专栏 5.1）。自然生态系统内的物种有抵抗自然干扰的能力，但还没有形成抵抗人类干扰的能力。在人类的干扰下，自然生态系统没有能力迅速恢复，因此转变成生物多样性水平低的生态系统，这个过程称为受损。一个典型的例子是由于过度放牧，林地内的许多树木和草被破坏，最终地上长满了多刺的灌木。

专栏 5.1　1938 年河南省花园口事件

花园口是位于河南省郑州市的一个小镇，这里因为是黄河南岸的一个渡口，人们便称之为花园口，寓意“有花园的口岸”。1938 年抗日战争期间，蒋介石领导的国民党军队为了阻击日军，在花园口炸开了黄河大堤。尽管有数千日军被淹死，但中国有 1200 多万人因此受到影响，近 90 万人被淹死。除了造成大量无辜民众死亡，炸堤对当地的负面影响也持续数年之久。洪水淹没了许许多多的村庄，这些村庄只能被废弃。当洪水退去后，大量的土地被泥沙覆盖，无法用于耕种；灌溉渠道也遭到破坏，农田生态系统受损严重，恢复农田生态系统要付出巨大的代价（Lary，2001）。在 1946 年和 1947 年，黄河堤坝重建，黄河也随即回归到 1938 年前的故道（Lary，2001）。后来这场洪水也被称为“史上最惨烈破坏环境之战”（Dutch，2009）。有关事件的更多内容请参阅：https://en.wikipedia.org/wiki/1938_Yellow_River_flood。

退化是生态系统受损后最常见的结果。引起生态系统退化的原因主要有两种：一种是连续的、逐渐减弱的低强度干扰，特别频繁的干扰，其结果是自然更新过程无法使生态系统完全恢复，过度放牧就是典型的例子。偶尔的低强度的干扰不大可能使生态系统受损，自然更新过程足以使生态系统完全恢复；但是长时间重复的低强度干扰可能会使生态系统受损，自我更新过程已无法使生态系统迅速、直接地回到原来的状态。另一种是特定严重干扰，一个生态系统也可能在某次干扰后就严重受损，如一个森林里的所有树木被一次性砍光和露天开矿。

全球范围内，过度放牧是导致生态系统受损的重要原因之一，中国也不例外（图 5.1）。放牧牲畜数量过多，会超出生态系统的承载能力；放牧强度过高，会造成生态系统没有充足的时间自我恢复，所以通过控制牲畜数量和放牧强度，大多数生态系统就能恢复到令人满意的状态。同时，过度放牧不仅会导致生物多样性恶化，也会导致草原土壤板结。土壤板结又会影响基本土壤过程，包括调节土壤中的氧气含量、截留雨水、形成腐殖质等，最终土壤中的生物多样性被改变、土壤微生物的功能被影响。总之，如果牲畜的数量远远超过生态系统的承载能力，并且过度放牧时常发生，那么生态系统会难以自我恢复而发生退化，此时就必须辅以人工措施开展生态修复（图 5.2）。

图 5.1　若尔盖草原的生态退化现象（据马坤）

若尔盖草原位于四川省的西北部，从 20 世纪 50 年代开始，人工挖渠和过度放牧已经导致部分沼泽地干枯和草场荒漠化

图 5.2　若尔盖草原土壤取样及检测土壤参数（据马坤）

海洋生态系统也会退化。过度捕捞导致海洋中的鱼类种群不足以繁殖并补充种群数量。为了捕捞虾和其他海鲜，人们长期开渔船去海上撒网捕捞，这样导致

了海草床衰退严重。

生态系统受损后会发生什么？一般来说，由于特有物种减少，生物多样性也逐渐减少，一些生态价值和经济价值较低的物种会取代它们。这使群落结构简单化，也使生态系统功能退化或停止。例如，道路旁或农田里长满了杂草，这就是生态系统中原有的典型物种被取代的结果。受损的生态系统更容易遭到外来物种的侵袭。

生态系统受损还会导致生态系统蓄水能力不断下降，长期下去会导致土壤越来越干燥，最终导致土地荒漠化（图 5.3）。土壤中变干的腐殖质更容易被氧化，使得腐殖质的消耗速度大于生成速度。最终结果就是生态系统能循环利用矿物质和固氮的能力不断衰退，很多必需物质不再被腐殖质颗粒表面吸附，而是被雨水冲刷掉，导致生态系统的生产力不断下降，土壤更容易遭受侵蚀。生物群落的结构特征被破坏，不利于小气候的形成。食物资源的分布范围与数量的下降会威胁到食草动物和食肉动物的生存。食肉动物数量不断下降，食草动物数量就会不断上升，甚至上升到超过环境的承载能力。食草动物数量增加导致植物数量减少、植物数量减少又使食草动物数量增长受到抑制的过程称为营养级联效应（Eisenberg，2010）。

图 5.3　黄旗海生态退化现象（据 Chen and Liu，2015）

黄旗海位于内蒙古自治区，水面面积 1976 年为 67.6 km^2；但在 2008 年，黄旗海水面几乎全部消失。照片拍摄于 2014 年，黄旗海几乎干涸（据张淼）

水生生态系统受损通常是因为大量营养物质流入水体，导致水体富营养化。水体富营养化会导致水中的动植物由于缺氧而死亡。水体浊度上升是水生生态系统受损的另一个后果，水体浑浊会阻碍太阳光的入射，从而抑制藻类和根系发达的水生植物的生长繁殖。

生态修复

自然更新通常指生态系统在受到干扰后自发恢复的过程，即被破坏的植物会重新生长。通过繁衍或从邻近的自然区域引入，可以逐渐恢复濒危动物的种群数量。这些曾经出现过的物种不仅能很好地适应恢复后的环境条件，也能很好地适应生物与生物之间的关系。外来物种由于不能很好地适应恢复后的环境条件，它们会被逐渐取代，之前的物种也会逐渐得到恢复，环境条件会越来越好。例如，腐殖质和其他有机质的不断累积能提高土壤蓄水能力和矿物质循环能力；降低水土侵蚀发生的可能性有利于小气候的形成。

通过改善生态环境状况可以促进生物群的自然恢复。第二十五章的案例十就是一个很好的例子，爱尔兰在停止开采泥炭后，湿地植物群落逐渐恢复；长达 50 年之久的排水、开采泥炭工程停止后，潜水面逐渐上升，湿地植物群落随之恢复。

人类活动导致的干扰往往非常严重，生态系统通过自然更新来自我恢复所需的时间，因此被无限期延迟。通常情况下，生态系统会因此转变成另一种替代状态，其特征是原来罕见或根本不存在的物种成为优势物种并长期存在下去。这种状态与原来的状态相比，生态系统的复杂性下降、自然区域的价值也远不如以前。自然更新过程往往需要人类协助，以克服恢复过程中的阻碍并力图恢复以前的生物多样性，Whisenant（1999）、Bainbridge（2007）、Bautista 等（2009），以及 Tongway 和 Ludwig（2011）都描述过如何修复荒漠化土壤。

如第一章所述，“修复”是指利用生态系统的自我恢复能力，辅以人工措施，使受损的生态系统逐渐恢复到原来的状态。修复是基于参考生态系统，参考生态系统用于描述想要把生态系统恢复到什么样的状态，第十五章将会介绍如何选择参考生态系统。另外，还需要受损的生态系统及项目场地的最原始描述，这样才能知道需要采取哪些人工措施，以保证受损的生态系统能达到参考生态系统的状态。第十四章将会介绍如何对受损的生态系统及项目场地进行描述。

不是所有的环境改善措施都可以被定义为修复，修复不包括有目的地把受损的生态系统的状态转变成与参考生态系统无关的状态。为了放牧而将受损的天然森林生态系统转变为草地，为了生产木材而将受损的天然森林生态系统转变为种植树木的林场，这些情况都不属于修复。类似以上出现的情况，是人们为了达到某种目的而对生态系统进行的改造。修复的目的是让生态系统恢复到原来的状态，而不是对生态系统进行改造，更不是把其转变成与原来状态明显不同的系统。

以下列出的是可以改善受损生态系统环境状况的行为，因为这些行为不涉及参考生态系统，所以这些行为不属于修复行为。但只要这些行为与修复行为相结合，就有助于生态系统的恢复。

- 清除固体废弃物；
- 去除有毒污染物；
- 去除过量的营养物质；
- 恢复原有地形轮廓；
- 改良土壤，以提高土壤的生产力；
- 恢复原来的水文条件；
- 使河流流动顺畅；
- 去除一些干扰生态系统恢复的动植物；
- 在空旷地区重建植被。

固体废弃物包括垃圾、废弃建筑材料、废旧建筑物或农田水渠瓦片等。污染物包括重金属、农药和泄漏的石油等，去除污染物的过程通常被称为治理。治理携带过量营养物质的径流可以减少过量的营养物质进入水体，从而防止水体富营养化造成的水中溶解氧含量降低。如果曾经长时间在高原农场使用化肥，那么治理高原农场表层土壤的方法就是机械去除表层土壤。重新修整土地通常由平土机、推土机或其他重型机械完成，方法包括填埋排水渠和改善当地水文条件。改良土壤可以改善作物的生长条件，方法包括机械除草和松动板结的土壤等。可以添加有机质来改良土壤，也可以使用石灰来调整土壤的酸碱度。移除竞争性植物和有害的动物有利于所需植物的生长和繁殖。

再植是指种植一种或几种容易快速繁殖的植物，以达到防止土壤侵蚀、为牲畜提供饲料或创造景色的目的。因为草具有发达的根系，所以经常使用草来固定土壤从而防止土壤侵蚀。把豆科固氮植物和草混种在一起有利于草的生长。当种植树木时，这一过程被称为造林而不是被称为再植。

复垦一般是指对诸如挖煤、采砂和获取其他生产物质的人类活动损毁的土地，采取整治措施，使其达到可供利用状态的活动。复垦也指修补地面的活动，以消除公共安全隐患，如填补地面上的坑洞以防止人们跌倒受伤。再植通常是复垦的最后一步。复垦原来也指把水排走的活动，如排走湿地和河口等水生生态系统的水，让这些地方适合生产作物。一般来说，复垦不属于修复行为。

本章解释了什么是生态干扰、生态系统受损和与协助生态系统恢复密切相关的修复，但没有特别探讨何谓生态修复。在探讨第七章“生态特征的恢复”之前，必须先了解生态修复所依据的生态特征（第六章）。

第六章 生 态 特 征

国际生态恢复学会编写的《关于生态恢复的入门介绍》中写道："如果在未来没有人类协助的情况下，生态系统中丰富的生物资源和非生物资源能继续发展下去，那么这个生态系统已经具有恢复或修复能力"（SER，2004）。值得注意的是，该读本并没有区分"恢复"与"修复"，但是国际生态恢复学会对"恢复"一词的定义足够全面，包括了本书中使用的"修复"一词的含义。

《关于生态恢复的入门介绍》中还写道："它（指被恢复的生态系统）能维持自身结构和功能的完整性，能有足够的弹性来承受周围环境中正常的压力和干扰，能与邻近的生态系统进行生物和非生物之间的相互作用"（SER，2004）。国际生态恢复学会列出了九项生态特征，"……为判断何时完成恢复提供了依据。"它们是：

特征 1：合适的物种组成；

特征 2：生态系统环境；

特征 3：良好的群落结构；

特征 4：适宜的景观环境；

特征 5：正常的生态功能；

特征 6：与更大生态景观的功能整合（生态复杂性）；

特征 7：无导致生态系统持续退化的胁迫因子（自组织性）；

特征 8：具有抵抗干扰的生态弹性；

特征 9：自我可持续性。

《关于生态恢复的入门介绍》解释道："并不是所有的特征都出现才意味着生态系统得到恢复。相反，这些特征是用来证明生态系统正沿着适当的轨迹，向既定目标或参考生态系统的状态恢复。表 6.1 列出了这九项生态特征，并将它们区分为可以直接判断的特征和只能间接判断的特征。直接特征是可以直接在现场观察到的。除此之外，其他的生态特征都属于间接获得的，因为间接特征只能通过生物之间和生物与其生存的环境之间的相互关系体现出来（Clewell and Aronson，2013）。"

表 6.1 已恢复的生态系统的生态特征

直接特征	1. 物种组成：已恢复的生态系统包含参考模型中的众多物种，这些物种能相互适应，并组成群落长期稳定共存下去，包括已知功能群中的代表性物种和适当的冗余种。同时，这些物种最好是本地物种，要避免存在入侵物种。 2. 生态系统环境：已恢复的生态系统能保证生存在该环境中的生物群繁衍生息。 3. 群落结构：项目场地内的物种数量丰富、分布广泛，从而在恢复初期就可以促进生物群落结构的发展。 4. 景观环境：就如参考模型描述的那样，已恢复的生态系统能适当地整合到一个更大的生态景观中，并与其通过生物之间及生物与环境之间的相互作用产生影响，要尽可能消除周围景观对恢复中的生态系统的健康和完整性构成潜在威胁的因素
间接特征	5. 生态功能：在已恢复的生态系统内，生态功能正常，没有生态功能障碍的迹象。 6. 生态复杂性：生态结构复杂性不断发展，从而促进生态位演化和生境类型多样化。 7. 自组织性：生态系统在不断发展反馈机制，从而使自身达到和保持平衡或稳态，并发展适合的小气候和完善自我调节能力。 8. 生态弹性：在正常的周期性压力和预期的干扰下，已恢复的生态系统具有足够的弹性来抵抗干扰，并自我恢复，这些干扰一定程度上能消除一些非典型物种，进而维持生态系统的完整性。 9. 自我可持续性：已恢复的生态系统拥有与参考生态系统相同程度的自我可持续性，并且具有在当前环境条件下无限期存在下去的潜力。生物多样性会随着生态系统的发展而发生改变，并且会因为正常的周期性压力和偶尔的干扰而出现波动。与任何未受干扰的完整生态系统一样，已恢复的生态系统中的物种组成和其他特征会随着环境条件的变化而发生改变

直接特征是项目人员可以直接控制的特征，他们可以调控物种的组成，解决环境中出现的问题，发现并避免潜在的威胁，确保相邻的生态系统之间进行正常的能量流动和物质交换，以及促进种群结构的发展。但他们不能创造生态功能（特征 5）或生态系统复杂性（特征 6），也不能使生态系统具有自组织性（特征 7）、抵抗压力与干扰的生态弹性（特征 8）和自我可持续性（特征 9）。这些特征只能从动植物参与的生态过程中获得。如果项目人员对修复项目进行了精心的准备，并且非常认真地执行相关操作，那么我们可以实现四个直接特征，进而实现五个间接特征。

物种组成

理想情况下，生态系统在受损之前的物种组成特征能在实施生态修复项目的过程中得到恢复。在较低水平的生态修复中，主要工作是恢复代表性物种。由基准库存调查可知（第十四章），一些代表性物种已经存在。其他一些物种很容易自发地散布开来，并在项目场地内生长繁殖。项目人员应以负责任的态度引入一些具有其他特征的物种。在陆地和湿地生态系统中，存在的物种主要是维管植物，如蕨类植物、针叶树和开花植物等，这包括所有的乔木、灌木、藤本植物和草本植物等；非维管植物，如苔藓、藻类，通常能很好地适应环境并自发地进行繁殖，所以在项目规划过程中不需要考虑它们。通常情况下，大多数动物在没有项目人员的协助下就能在恢复良好的项目场地内繁衍生息；但是在某些场地也存在例外，在河口和其他水生生态系统中，主要的物种是不需要被引入的微藻，所以修复工作将重点放在底栖动植物、珊瑚、牡蛎和其他构成钙质层的动物所赖以生存的沉积物环境。

生活型和功能群。对于那些存在于生态系统受损之前的物种，如果只能恢复其中的一部分，那么就必须首先确保那些独特的生活型和功能群中的物种能得到恢复。生活型是评价植物生境的一个重要指标。植物能划分为木本植物和草本植物，木本植物又包括乔木和灌木等，草本植物可以是一年生或多年生，多年生草本植物的越冬芽存在于土壤表面或土壤中；植物还能划分为常绿植物和落叶植物；叶片的质地包括膜质、肉质和革质等；植物也能划分为带刺植物和不带刺植物。这些只是生活型的一些具体体现。陆地生态系统的群落结构特征主要取决于其中的各种生活型，如植物的大小、垂直结构以及多度等。

功能群是指一个生态系统内一些具有相似功能的物种的集合（Lavorel et al.，1997；Gondard et al.，2003）。生态系统内有许多功能群，所有绿色植物组成一个功能群，它们是生产者，它们能通过光合作用产生碳水化合物；大多数的豆科植物和其他具有固氮能力的微生物组成一个功能群，它们是固氮者。对植物来说，它发挥的作用与其所在的生活型密切相关，故生态学家也把植物生活型作为判断植物功能的指标。

能传播花粉或种子的昆虫和其他动物也构成一个功能群。对鸟类来说，鸟喙的形态结构是划分鸟类生活型的指标之一，如食种者、食虫者、食果者及食肉者等。在水环境中，牡蛎和某些在海底穴居的蠕虫共同组成一个功能群，它们是滤食性动物，它们摄食水中的浮游生物。几乎所有的物种都属于多个功能群，与植物生活型一样，一个生态系统内也有许多功能群。

重要的是，许多物种具有相同的功能，被称为功能冗余。原因可能是在一个功能群内，某一物种在特定环境条件下（如在特定的温度下）执行某一功能的效率最高，但其他物种在其他环境条件下执行同一功能的效率可能最高。同理，某种物种可能会在干扰事件发生后或在生态系统的不同恢复阶段，执行某一功能的效率比其他物种高。

假如项目人员能成功地恢复生态系统在受损之前的所有物种，或在必要时明智地引入一些其他物种进行替代，那么所有的功能群会逐渐恢复。当可供参考的数据相当匮乏，且无从得知生态系统在受损之前的所有物种时，功能群就成了重要的考虑因素。功能群会发生变化，因为在快速变化的环境中，物种替代现象不断发生，如气候变化会导致物种构成发生变化。项目人员必须能准确预测，并引入一些以前不存在的物种以确保生态系统能全面恢复，从而提高被修复的生态系统对目前环境条件的适应能力。

区域物种库。如果要引入一些存在于未受损的生态系统中的植物，那么能引入什么样的植物呢？如果不考虑快速变化的环境条件，那么答案就是区域物种库中的代表性物种。在同质性较好植物区系的任一指定区域内的物种就是其所属的生态系统中的物种代表，这些出现在一个或多个生态系统中的代表性物种组成了区域物种库。

区域物种库中的任一物种，都可以在任何时候自发地散布到区域内的任何地方并生长。在受损的生态系统中进行物种重建是相对容易的，因为此时的生境处于百废待兴的状态，当项目人员因为某种原因需要替换掉或引入某物种时，他们可以利用这个机会。项目人员甚至能借鉴参考区域内的物种组成，从区域物种库中引入物种到受损的生态系统内，进而增加受损的生态系统中物种种类，这种做法可以增加功能冗余，从而提高修复的成功概率。

在一个生态修复项目中，缺乏技术经验的管理者要依靠技术人员的知识和经验，来判断哪些区域属于同质性较好的植物区系。有时一座山的一部分区域可能就是一个同质性较好的植物区系，特别是在植物种子散播受限的崎岖地形中。在一些地形条件和气候条件非常相似的地方，同质性植物区系范围可达到数万平方千米。在特别大的区域内，一些物种的散布范围可能很广，建议把这类物种排除在区域物种库外。换言之，技术人员应该熟练运用其掌握的生物地理学的知识，找出并保护那些自然分布区域狭隘的物种。

在区域物种库内，可能存在一些不能被替代的物种，这样的物种被称为关键种，它们的存在能为其他物种的存在创造可能性。例如，在北美部分地区，某种陆生龟栖息的洞穴成为数十种动物的栖息地，这种陆生龟是这个生态系统中不可缺少的关键种。不管是由于自发地进入还是有目的地引入，关键种必须出现在修复项目场地里。

生态修复强调恢复受损的生态系统原有的物种组成，这要基于缜密的调查，从而找出对维持生态功能和生态系统服务至关重要的不同功能群和各营养级中的各种物种（Soliveres et al.，2016）。生物多样性和生态功能之间的正相关性已在各种不同的生态系统中得到证实，包括陆地和水生生态系统（Lefcheck et al.，2015）。此外，区域物种库中的大多数物种在相当长的地质时间内共同进化，或自然选择过程至少使它们发挥的功能相互补充。如果项目人员能在修复受损的生态系统期间发展功能相互补充的各种物种，那么这些物种远比其他物种更有可能发展起来并实现功能相互补充。这种情况与新组建的团队相比，就好像那些进行不断训练和磨合的团队更有可能获得成功。

入侵物种和杂草物种。项目人员有责任确保具有不利影响的物种已经被清除，或其带来的不利影响被消除，或至少它们的数量已经被控制到不会威胁到生态系统的完整性。最令人担忧的是入侵物种，它们通常被认为是外来物种，它们有能力替代本地物种并最终占主导地位。入侵物种在引入后的早期往往缓慢增加，当超过阈值后，其数量迅速增加（Richardson et al.，2000），呈爆炸式增长（D'Antonio and Chambers，2006）。我们需要对入侵物种和具有潜在入侵性的物种保持警惕，要在项目场地内清除它们或控制它们散布。如果入侵物种能从项目场地外进入项目场地内，那么就必须在项目场地周边对其进行处理。在中国，入侵物种既有植物，如水葫芦（专栏 6.1）和互花米草；也有动物，如美国白蛾和福寿螺。

专栏 6.1　水葫芦危害水体环境

水葫芦常常可以用于净化富营养化水体，也能用作生物燃料、有机肥料和制成其他产品等。通常情况下，如果水葫芦扩散到临近水域，会迅速生长并严重危害到水体环境（图 6.1）。水葫芦的快速生长不仅会导致水体缺氧，使水生生物因窒息而死，而且会减少海湾内幼鱼赖以生存的营养物质，还会阻挡船舶通行影响航运。当水葫芦在水体中泛滥成灾时，它就成为蚊虫和其他致病昆虫繁殖的场所。这些致病昆虫会导致皮疹、咳嗽、疟疾、脑炎、腹泻、血吸虫病、胃肠功能紊乱等疾病频发。水葫芦阻碍了流水进入水电站，从而干扰水电站正常运行。水葫芦阻碍了渔船进入水域，从而威胁当地的水产捕捞业。

图 6.1　靠近江西省鄱阳湖的长满水葫芦的河流（据赵丹丹）

在修复的过程中，如果杂草种对我们想要恢复的物种具有不利影响，那么就必须对其进行控制。杂草种也被称为杂草，通常长在花园和农田里，或长在道路旁和空地上等杂乱的地方。它们大多数是草本植物，存活周期短、竞争力强、并产生大量的种子。它们能在高氮和矿物质营养丰富的土壤中（如在肥沃的农田）迅速生长。一般情况下，修复项目现场需要有杂草种，因为它们能覆盖裸露的地面和为土壤表层提供有机质。它们还能迅速散布，以防止土壤侵蚀和促进自然恢复过程。通常情况下，随着更能适应环境的物种不断出现和扩散，杂草种会被逐渐替代掉。

生态系统环境

在必要时，需要对生态系统环境进行修复，以支持其所需动植物的繁衍生息。最重要的是有充足的水，这样就不需要对植物进行灌溉，除非在苗木刚被种植的时候需要对其进行灌溉。水的供应亦不能过量，否则对植物会有伤害。在有意引入植物进行种植之前，涉及与水有关的问题都应得到解决，这可能包括填埋排水渠或重新铺设排水渠，以恢复原有的水文循环过程。如果水的问题从一开始没有得到解决，那么引入的植物可能会死亡。这种情况下，人们在解决与水有关的问题后，不得不重新准备和种植这些植物，会导致项目成本飞涨和项目完成日期推迟。

在种植植物之前，还需要对土壤进行处理。来往的车辆以及牲畜的踩压会导致土壤板结，暴露在阳光下的土壤中的有机质会因氧化作用而被大量分解掉。在以上任何一种情况下，需要松动土壤，使有机肥料进入土壤，进而增加土壤中腐殖质含量。在一些项目场地内，土壤必须被处理，以除去泄漏的石油和积累的重金属，可以刮除被污染的土壤表层；可以用能降解石油的细菌处理被石油污染的土壤；也可以通过播种能富集重金属的植物来处理土壤中的重金属，收割这些植物的时候，土壤中的重金属就被去除掉了。

群落结构

在陆地生态系统中，群落结构很大程度上取决于那些体积更大、更关键的植物的生长和繁殖。种植苗木可促进生物群落结构的发展。提高特征种的种植密度，确保其占优势地位，有利于植物群落分层。只要有某一种植物生长和繁殖良好，其他植物也会随之不断发展，并在竞争中存活下来，这样就逐渐形成典型的群落结构。在水生生态系统中，群落结构主要由底栖动物和海草等植物构成。

景观环境

适宜的景观环境是十分重要的，这样生物和物质能在恢复的生态系统和邻近区域之间正常、自由地移动和交换。生态系统被修复之后，水必须像在生态系统受损之前一样自由地流进和流出。在修复生态系统的过程中，有时需要临时设置篱笆或围墙以防止牲畜进入，在修复工作结束后必须拆除它们，以免阻碍动物通行以及生态系统内水和其他物质的流动过程。

衔接陆地生态系统与水生生态系统之间的湿地十分重要，混凝土坝等任何影响湿地的障碍物都需要引起特别的关注。湿地可以削减洪水，减少水土侵蚀，去除、转化或降解污染物和过量的营养物质。许多水生动物，特别是栖息在沉积物中的昆虫幼虫和其他无脊椎食碎屑动物以沿岸飘落的树叶为食，鱼类又以它们为食，然而障碍物会减少进入河流中的落叶量，从而造成生物生产力下降和鱼类数量减少。在洪水、悬浮物和溶解性污染物进入河流或其他水体之前，湿地能滞留部分洪水、去除悬浮物和溶解性污染物。岸边的混凝土护坡不仅破坏了湿地的生态服务价值，而且将洪水问题和水体污染问题转移到下游地区（图 6.2）。城市水体修复包括清除这些混凝土设施，关于城市水体修复的案例见第二十五章的案例十一和案例十二。

图 6.2　发源于四川省的岷江（据安德鲁·克莱尔）

左图：江的两岸修建了混凝土河堤；右图：江的两岸没有修建混凝土河堤，这样可以与岸边的陆地进行物质交换

许多情况下，导致生态系统受损的因素不仅来自项目场地内，也可能来自项目场地外。因此，需要确保所恢复的生态系统在未来不会遭受外部威胁。为了消除外部威胁，有些修复工作要在项目场地外进行。入侵物种就是一种外部威胁，如果没有在项目场地周边对其进行控制，那么它就会从周边入侵到项目场地内。另一种外部威胁是污染，由于河流上游能转化或降解污染物的湿地被混凝土设施

所隔离，导致受污染的水从河流进入河口。这是一个上游污染问题转移到下游的典型案例。

生态功能

生态功能是指生物与生物之间、生物与环境之间相互作用所形成的各种生态过程。生态功能恢复意味着受损的生态过程回到正常水平，如季节性植物的正常生长。生态过程涉及生物的生长与繁殖，食草动物、食肉动物与食碎屑者之间的能量流动，氮和矿质元素的循环，生物之间的竞争和互利共生关系，等等。

生态功能不应与生态系统功能相混淆。生态系统功能通常是表 2.1 总结的生态系统服务。为了避免混淆，我们使用“生态”（功能）而不是“生态系统”（功能），从而把生态过程和能实现经济效益的生态系统服务区分出来。

生态复杂性

生态复杂性是指生物群落在结构上和功能上的差异程度，这有利于生命活动持续下去。森林生态系统的复杂性可以通过植物垂直分层现象体现出来（图 6.3）。森林的上层或最上层由许多高耸的大树的树冠组成，这层被称为树冠层。相对低矮的树的树冠构成了中间层。在中间层的下方是第三层，这层主要由灌木和小树构成。地被植物构成了第四层，主要包括蕨类植物、苔藓和草本植物。林冠层的

图 6.3 具有三层垂直结构的林地（据安德鲁・克莱尔）

地表覆盖层由生长茂密的草和其他草本植物构成；中间层由许多阔叶树构成；顶层由十分分散的松树的树冠构成

树叶在阳光下进行光合作用形成碳水化合物。穿过树冠层的阳光的绝大部分被中间层和灌木层吸收。与邻近的非森林地带相比，森林相对较暗，这是因为森林的垂直分层现象优化了其对太阳光的吸收和利用。每层都会有不同的昆虫、鸟类和其他动物。具有明显分层结构的生态系统中，植物种类多样，可以创造各种各样的生境和为各种各样的动物提供食物，从而形成生态复杂性。

森林分层现象只是森林生态复杂性的一种体现。土壤也具有同样程度的复杂性，因为土壤中各种各样的生物在土壤中发挥着不同的功能和形成了不同的结构，如复杂的菌根体系。地面上的树木看起来是单独的个体，但在地面之下，同种或不同种的树木都有复杂的根系，从而促进养分和水分的共享。

为了有效利用太阳光和获取养分、水和腐殖质，生态系统需要适应特定的环境条件。这是可以理解的，因为生态系统内的每个物种都在不断地通过自然选择来适应环境，以提高其功能效率和繁殖能力。生物多样性是体现生态复杂性及生态系统适应能力的重要指标。

常常提到的"生境"和"生态位"是两个不同的概念。生境是指生物个体或种群生活区域的环境，生境的特征就是物种所需的生存条件。对于植物来说，其生境可以根据它所偏好的非生物环境条件来描述，如潮湿的土壤或干燥的土壤，开阔的场地或背阴的场地，酸性土壤或中性土壤，等等。对于动物来说，生境为它们提供食物和水，提供躲避被捕食的安全场所，提供繁衍与照顾后代的地方；生境有时是它们为交配而占的领地，有时是它们临时的休憩地。生境可能包括特定的植物或特定的植物生活型，还包括适合动物生存的植物垂直结构。不同动物的生境具有不同的非生物环境条件，如不同穴居动物偏好不同的土壤和土壤基质条件。

生态位是指物种在生物群落或生态系统中的地位和角色。例如，一条生活在土壤中的蚯蚓，以碎屑为食，碎屑在它的消化道被分解后又进入土壤，这样给土壤提供了矿物营养。它在土壤中不停蠕动又改善了土壤的通透性。啄木鸟通过啄树洞来寻找食物，树洞为它和其他动物提供了栖息的场所。生态位和生境是息息相关的，我们经常说生境是生物的"住址"，而生态位是生物的"职业"。

生态复杂性在很大程度上包括了各种各样的生境和生态位，这样有利于更多的物种出现在同一个生态系统，并参与到各种生态过程中。在一块空地上，最先引入的动植物必须能忍受现场的极端环境条件。它们被称为广布种，杂草也属于广布种，它们可能会经历种群数量的快速变化。它们快速繁殖、迅速散布。随着植被覆盖增加，极端环境条件得到改善，使得其他物种能逐渐地生存在这个地方。然后，对生境条件要求严格的物种和占据不同生态位的物种也开始出现。最后，生态系统复杂性不断提高，生态位也不断发展，植物开始由繁殖转向生长。例如，树木的根系不断生长，树干越来越粗，其他营养结构也不断发展，这有利于树木长久存活下去。植物的大部分能量用于生存，小部分能量用于繁衍生息。

自组织性

表 6.1 的第 7 项生态特征——自组织性随着生态复杂性的发展而发展。在受损的生态系统恢复的最初阶段，生物过程主要是少数生物的生存和生长。由于相同或不同种生物个体之间的相互作用很少，这种过程被更多地认为是生理适应而不是生态过程。随着修复工作不断深入，物种间的相互作用增多，这有利于种群的发展。然后，生态系统复杂性不断完善，生物群落作为一个整体发挥作用。最后，生物群落发展出自我调节的反馈机制。例如，食肉动物的数量影响食草动物的数量。

当生态系统具备了自组织性，并且不再需要人工辅助修复时，生态系统将不再受到损害。当生态过程回到正常，生态系统达到一定的成熟度时，自组织能力就得到恢复。生态成熟度可由生物多样性衡量，生物多样性又可以体现生态复杂性。因此，自组织性受到生态功能和导致生态复杂性发展的驱动力的双重影响，是两者共同作用的结果。自 20 世纪 80 年代以来，科学界对生态系统开展了各种研究，其中的一个结论就是生物多样性、生态功能与生态系统可持续性之间存在着非常强的正相关关系（Reiss et al.，2009）。已经完全恢复的生态系统最能体现出自组织性，而恢复水平较低的生态系统可能还不具备自组织性，需要定期管理以确保其继续恢复。

生态弹性

表 6.1 的第 8 项生态特征是生态弹性，或者指生态系统抵抗周期性压力事件的能力。Holling（1973）首次提出生态弹性，Gunderson（2000）将其描述为受到干扰后的生态系统的自我恢复速度，也指生态系统抵御干扰而不至于崩溃的能力。如果一个生态系统在受损后迅速恢复，我们就说这个生态系统具有弹性。生态系统的生态弹性与生态复杂程度存在函数关系。例如，一个复杂的生态系统，可以有许多具有不同小气候的群落结构，以保护植物和动物免遭极端天气事件的影响。生态系统抵御干扰的能力随着物种的种类和数量的增加而增加，因为不同物种发挥着不同的功能。因此，在生态修复项目中恢复所有之前存在的物种很重要（Naeem and Li，1997）。

自我可持续性

表 6.1 的最后一个间接生态特征是自我可持续性。一个复杂的、具有自组织

性和弹性的生态系统通常可以凭借各种生态过程而无限期存在下去。具有自我可持续性的生态系统并不是静态的。由于其内部在不断变化，生态系统也在不断变化。有些变化是季节性和周期性的，如秋天叶子从树枝上枯落，春天树枝上又长出新的叶芽。有些变化也许是长期的，也许是不可逆转的，如一些物种因气候变化而消失，它们被更能适应环境变化的其他物种替代。尽管生态系统或生物多样性会发生变化，但具有自我可持续性的生态系统会以一种动态的方式，无限期地存在下去。

通常来说，一个具有自我可持续性的生态系统不会退化，也不需要生态专家对其进行管理，它会依靠自组织性进行自我管理。然而，由于人类活动对生物圈的广泛影响，许多生态系统的自我可持续性不复存在，一些人工管理可能是必要的。同理，用于提供参考模型数据的未受干扰的参考生态系统也需要类似的管理。然而这些参考生态系统也曾具有完全的自我可持续性。但由于周边景观内的土地利用等人类活动，生态系统之间的物质流动（如水和种子等物质的交换）减少，生态系统的自我可持续性减弱，因此需要对生态系统进行人工管理。对生态系统自我可持续性造成威胁的另一因素是入侵物种，这些入侵物种破坏了正常的生态功能。因此，生态系统的自我可持续性依赖于周围自然区域的生态完整性，最终依赖于整个生物圈的完整性。随着土地利用和其他人类活动对生态过程的干扰增多，迫切需要管理好生态系统，从而能从生态系统服务中获益，也能实现各种价值。

第七章　生态特征的恢复

工程师能设计出桥梁，建筑师和工人能建造出房屋，农民能种出市场上需求的粮食，森林管理员能生产出用于销售的木材。但是，生态修复不生产这些具体的产品。实际上，生态修复是在重建生态系统的功能、自组织性、弹性以及可持续性等。在整个修复过程中，很可能没有生产出任何产品。这是生态学家与其他专业人员的根本区别，这也是很多人无法感受到生态学家贡献的原因之一。修复是通过人工措施使生态系统中生态过程得到恢复。这些恢复的生态过程，可以通过千变万化的生物多样性体现出来。

如果当前环境条件阻碍了生物多样性恢复到原来的状态，那么这个生态系统的生物多样性会恢复到另一种状态。在人类居住区的附近或土地利用等人类活动长期干扰的区域，生态特征恢复到令人满意的状态几乎是不可能的。在以上情况下，原有物种会被替代，生态系统依然会逐渐恢复。尽管如此，我们还是应该尽可能地恢复原有的生物多样性，以发展生态功能和实现生态系统可持续性。理想情况下，人工措施有助于恢复生态系统所有的生态特征，进而实现一系列的价值。

生态修复只是自然恢复过程的一个补充，而不能替代自然恢复过程。人类只能协助而不能主导自然恢复过程。如果人类主导了自然恢复过程，那么人类就是按照自己的意愿重塑自然，这样会导致恢复后的生态系统失去一些自然特征，生态系统会被改造成花园、人造景观或其他形式的人工风景，这些人工风景就像是自然历史博物馆中的一幅画或一件展品。如果人类主导了自然恢复过程，自然将被视为一件产品，而不是一系列千变万化的自然过程的集合。主导自然恢复过程虽然能更好地克服环境压力，但干涉了“物竞天择、适者生存”的自然选择过程。

自然不能被视作一件产品，因为自然在动态变化着，如生物多样性在不断变化。生态过程与生态系统发展阶段密切相关，因此生态过程在生态系统恢复中更值得关注。修复工作要尽可能依靠自然更新过程，并根据需要采取必要的干预措施，以确保生态系统迅速恢复。从本质上讲，我们需要扭转生态系统因为受损而不断退化的趋势，并着手恢复其生态复杂性。

一个受损的生态系统的功能是紊乱的，这意味着它的一些或所有的生态过程被破坏或根本不起作用了。受损的生态系统就像一辆轮胎没气的汽车。这辆汽车可以行驶，但不可能开得快也不可能开得远。如果车主想正常驾驶这辆车，汽车修理工就要修理轮胎以恢复这辆车的正常功能。实际上，不是汽车修理工让汽车具有了行驶功能，他只是修理轮胎以保证车辆能正常行驶。就像汽车修理工一样，项目人员只是引入受损的生态系统中缺失的物种，去除具有不利影响的物种，管理和维护生态系统以确保某些物种能重新繁衍生息。项目人员没有创造出新的生态系统功能，他们只是创造出有利于受损的生态过程恢复正常的条件。同理，不是汽车修理工让车辆行驶。汽车行驶是由于在气缸内被点燃的混合气体产生巨大能量的爆炸推动活塞运动，进而又将能量通过传动轴传递到车轮上。修理师只是修理和调整汽车的发动机，使其发挥最佳性能。

让我们从另一个角度审视生态修复。我们一般认为要使生态系统恢复到原来的状态。如果有一辆破旧的汽车，可以耐心地对其进行大量的维修，使其看起来像新的一样。因为汽车由许多材料组成，如金属、玻璃和油漆等，所以我们可以使一辆旧车焕然一新。生态系统由生物体组成，生命过程是不会倒退的。因此，生态系统不能恢复到原来的状态。即使我们能将规模足够小的生态系统恢复到原来的状态，它也很快就发生变化。

恢复的生态系统不一定看起来与退化之前完全相同。即使想把生态系统恢复到退化前的状态，人们对这个状态也知之甚少。人们仅仅是将其恢复到人们认为的原有状态。因为环境在不断发生变化，如气候变化或高强度土地利用活动导致环境变化，人们甚至可能没有机会尝试去模拟生态系统原来的状态。

被真正修复的其实是生态功能，即在假设动植物的生长繁殖过程和物质循环等过程正常的情况下，重建生物多样性。实际上，不需要协助受损的生态系统恢复到原来的状态，修复生态系统是为了让其能继续发展下去。这与医生治疗患者的方式没有什么不同。如果你的腿骨折了，医生会给你的腿打上石膏，这样骨折就会逐渐愈合。医生无法使骨折愈合，是你身体的自愈能力使骨折愈合。医生的工作是帮助患者痊愈并让患者的身体功能恢复到正常水平。生态修复中，项目人员就像医生。患者是需要恢复的受损生态系统，它需要项目人员的协助，以恢复正常的生态功能。

生态修复就是让一个受损的生态系统回到原来的发展轨迹上。《关于生态恢复的入门介绍》也指出了："生态修复试图让一个生态系统回到原来的发展轨迹上"（SER，2004）。在物理学中，轨迹是指一个运动对象的运动路径，如踢出去的足球的运动路径。在生态学中，轨迹是指生态系统中生物多样性随着时间的变化而变化的过程。做一个简单的类比，生态学中的轨迹就像是一部电影的放映过程，从上一帧跳到下一帧（图 7.1）。

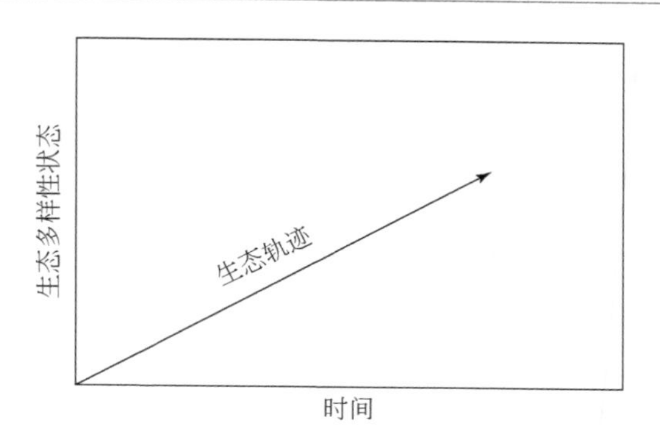

图 7.1　随着环境条件和生态系统的内部过程发生变化，生态系统中生物多样性的变化轨迹

在当前条件下，尽管困难重重，项目人员也要努力使受损的生态系统尽可能地恢复到受损前的状态，就如图 7.2 描述的那样。这样有助于受损的生态系统回到原来的发展轨迹上，并不断发展下去。生态修复过程很像抚养孩子的过程。父母尽自己最大的努力去培养儿女，但是父母不知道儿女未来的“轨迹”——他们离开家去读哪所大学、他们何时会开始他们自己的事业。父母尽自己最大的努力去教育儿女，是为了让儿女有能力去创造属于自己的幸福生活。像父母养育女儿的过程一样，一个生态修复项目的项目周期是有限的，这个项目将在几年内完成。此后，生态系统将依靠它的自组织能力继续发展下去。

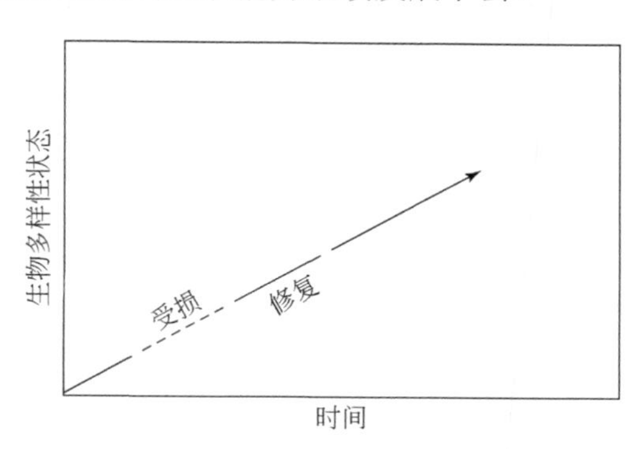

图 7.2　受损和修复对生态轨迹的影响

项目人员帮助恢复那些存在于生态系统受损前的物种，目的是提高生态系统成功恢复的可能性。原有物种可以用其他物种进行替代，然而这些替代物种对环境的适应性肯定不如那些能形成良好群落结构的原有物种。当环境条件已经改变到原有物种到不太可能继续发挥原来的功能时，项目人员只能考虑引入替代物种。

与人类短暂的一生相比，一些生态系统沿着生态轨迹的变化速度是非常缓慢的。例如，山地森林和高山草原一年的时间几乎看不出它们有任何变化，但是如果每十年看一次，就会从细微的空间尺度上看到它们发生的变化。在气候温暖的湿地生态系统中，生物多样性的巨大变化在短短的几年内就很容易被观察到。受损的高寒草原生态系统和热带湿地生态系统的恢复速度相对缓慢。

一般情况下，人工措施几乎不考虑自然更新过程，如治理环境和维护生物多样性是为了快速修复生态系统。而在某些情况下，人工措施只是为自然更新过程创造有利条件，这被称为“被动修复措施”，这种说法其实是不恰当的，因为人工措施总是有意的和主动的。要认定某人工措施属于被动修复措施，有三个标准：首先，生态系统受损的根源被消除；其次，通过调查确保自然更新过程能使生态系统恢复；最后，确定参考生态系统，通过它评估生态系统的恢复情况。如果无法满足这些标准，那么即使人工措施使生态系统恢复，也不能说它属于被动修复措施。

如果不需要在现场采取人工干预措施，那么需要做的就是保护好项目场地，以避免进一步的损害。也许还需要在项目场地外开展一些工作，如清除附近的入侵物种；拆除水坝或填埋排水渠以恢复项目场地内水原来的流动路径；转变农村经济生产方式，让农民不再在项目场地内放牧或获取木材和薪柴。

本章无疑会引起生态修复行业人员的关注。生态修复过程中，没有生产出任何产品，但各种各样的生态过程使生态系统继续发展下去，因为生态系统是动态变化和开放的系统，所以无法准确预测生态系统的恢复情况。修复的最终目标是使生态系统达到一种“自然”的状态，这是哲学家都难以准确描述的状态。如何规划一个生态修复项目？如何做好预算？如何判断参与修复工作的人员是否能胜任相关工作？如何判断项目是否成功？如何向您的上级汇报工作，说明自己在管理项目的过程中表现优秀？

本书的其他章节回答了以上问题，这些问题可能很棘手，大多数行业的技术人员，在不断实践的过程中会逐渐得到这些问题的答案。能做什么样的工作取决于你有什么样的能力，相比个人的分析能力而言，生态修复行业更看重个人的综合能力，你需要把许多不同领域的信息汇集在一起来寻找解决方案，必须对植物、动物、土壤、水文学、气候学、地貌学和经济学等有所了解，还需要知道如何确定哪些信息是重要的，哪些信息是无用的。对于那些训练有素、经验丰富和具有较好分析能力的人来说，这是一种截然不同的思维方式。

第八章　修复与热力学

前几章内容着重强调了自然如何满足人类价值，以及我们如何依赖自然生存。如何定义和描述“自然”，是一个非常深奥的问题。人类无论曾经如何思考“自然”，历史都表明人类在不断地破坏自然。许多政治事件和战争发生的原因都可以聚焦到一个关键问题——自然资源短缺。人类与大自然的关系是错综复杂的，修复正在退化的自然生态系统是人类逐渐理清人与自然的关系而采取的一种进步的现代活动。当今，人类需认真地反思着人与自然的关系，以及反思如何通过改变人与自然的关系来改善人类的生存状况。

决策者、区域规划者、管理者以及技术专家正处在与自然签订新契约的最前线。修复受损的自然生态系统是一种履约行为，是一种顺应和保护自然的方式，据此人类才能继续依赖自然生存下去。当人类深入了解如何协助生态系统恢复时，就能体会到修复受损的生态系统的重要意义，而不仅仅是能获得哪些生态系统服务。

让我们这样想象一下，我们进入森林里去收集一些从树上掉落下来的木材用于生火。在生火后的一两个小时内，木材一直燃烧直到成为灰烬。燃烧反应使物质中的能量被释放出来，燃烧过程中能产生大量的热能和光能，木材能储存那么多的能量，这好神奇！这些能量从哪里来？答案很明显是来自太阳。太阳辐射遵循热力学第二定律，可以用熵来表示任何一种能量在空间中分布的均匀程度。化学键结合是熵减小的过程，如碳水化合物是由碳原子、氢原子、氧原子通过含有能量的化学键结合在一起的产物，蛋白质和其他生命物质也是这样形成的。在这方面，所有的生命过程可以被看作是反抗熵增的过程。

我们可以将自然描述为一个能通过各种方式汇集能量的系统。生命过程是熵原理的一个例外吗？其实并不是，因为能量的集中是暂时的，能量会在生物体死亡时释放出来，释放出来后的能量也遵循熵原理。与燃烧一样，碎屑的降解过程也是一种氧化过程。对于同一物质来说，燃烧过程放出的能量和降解过程放出的能量是相等的，唯一的显著区别是燃烧反应加速能量释放过程。

从物理学的角度看，生命过程能使熵暂时减少，生命过程存在自我更新。即使能量最终还是从生物体中释放出来，植物还是在不断地吸收太阳辐射和储存能量。因为太阳在不断地向外辐射能量，所以生物有繁殖能力和自我更新的能力。地球上凡是有生物存在的区域都属于生物圈的范围，生物圈在不断地储存和释放能量，也在不断地更新，它仿佛是太阳系里一个巨大的反馈体系，我们依靠这个反馈体系存活。管理好自然就是为了防止这个体系瓦解。

生态系统中生物的聚集行为有利于能量的集中，也有利于延缓碎屑的分解过程，进而延缓能量的释放。这种分解的滞后性是很明显的，如森林里到处散落着落叶，落叶被分解成腐殖质可能需要几十年或更长的时间。化石燃料，如煤炭和石油，蕴藏着大量的能量。人类最终通过有目的地燃烧它们，用来释放它们蕴含的能量。

在一个枝繁叶茂的森林中，你可能会注意到森林的地面上堆积着大量的落叶。它们被缓慢分解成腐殖质，腐殖质在不断积累，这样就逐渐形成了厚厚的腐殖质层，色暗是腐殖质层的显著特征之一。腐殖质对于调节森林生态系统的能量流动起着至关重要的作用。大量的落叶能阻截地表径流，这样能保留部分雨水在生态系统中。腐殖质也能吸收和保留雨水。这样一来，即使在旱季，植物根系也能从土壤中吸收水分。腐殖质层较疏松，这样既可以让空气进入，进而促进根部的新陈代谢，也可以让雨水渗透到土壤深处。土壤中以腐殖质为食的穴居生物能促进矿物质的循环过程，矿物质会随着它们的运动转移到土壤表层，这有利于植物根系吸收矿物质。

一个生态系统所具有的组织形式和功能就是为了尽可能地减缓分解速度。生态系统利用各种降解过程中的中间产物，用来改善生物生存的环境条件，并发展自组织性、生态复杂性、生态弹性和自我可持续性。当生态系统退化或受损时，生态系统的很多特征会发生改变，包括生态系统利用太阳光的效率下降；分解过程加快，可获得的有用中间产物减少；生态位缺失，生境退化；物种多样性减少，能量传递效率下降。修复正在退化的生态系统，需要逆转生态系统退化的趋势，重建生境、生态位和生物多样性，最终提高了生态系统对能量的利用效率，减少了因分解作用造成的能量损失。

自然退化很可能会带来灾难性的后果。当有目的地运用热力学原理修复自然，仅仅是为了增进人类自身的福祉时，修复就仅仅是人类为了满足自身需求而使用的一种技术，如果只是如此，我们就可以结束这本书的内容，但其实生态修复远不止这些。需要注意的是，修复要满足物理学的基本原理，修复是对物理学基本原理的应用。如果忽视这一点，往往会产生意想不到的危害；相反，如果认真对待这一点，将会获益匪浅。

第九章 渐进式生态修复

渐进式生态修复是在生态学原理指导下，充分考虑区域生态退化的历史条件和现实状况，在一定社会投资和技术水平约束条件下，分阶段、分步骤地采取“生态重建—生态修复—自然恢复”的修复治理模式，对受损生态系统进行循序渐进的修复和治理的方法。渐进式生态修复有助于确定在特定环境、社会、经济、技术约束条件下最适合的生态修复措施。渐进式生态修复有利于正确处理自然恢复和人工修复的关系，其目的是综合运用自然和人工两种手段，因地因时制宜，分区分类决策，寻求复苏退化生态系统的最佳途径和解决方案（Liu et al.，2024）。

渐进式生态修复的三种模式

渐进式生态修复主要包括三种模式：生态重建、生态修复和自然恢复（图 9.1），具体内涵如下。

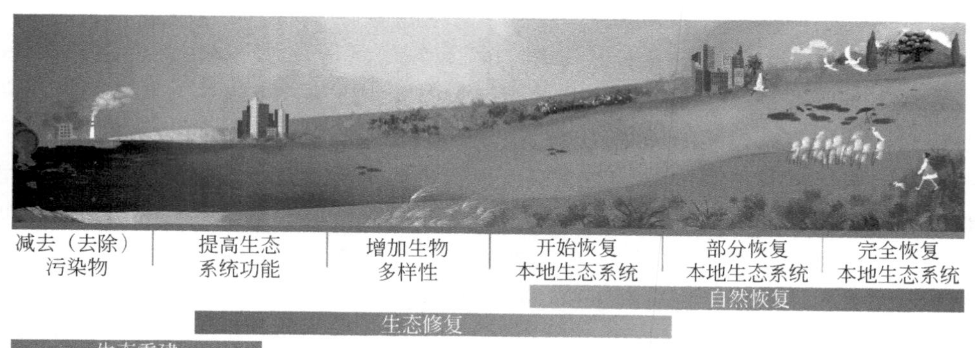

图 9.1 渐进式生态修复的三种模式（对受损生态系统进行循序渐进的修复和治理）

1）生态重建

生态重建针对河流生态系统严重恶化、人为干预过度、丧失或基本丧失生态功能，被诊断为重度破坏的河流生态系统，宜选择人工综合治理措施为主、帮助河流生态功能逐步恢复、重塑生态修复条件的生态重建模式。生态重建是生态修复的前提。生态重建需围绕地貌重塑、生境重构、引入本地物种等方面开展，不同层面的生态重建过程应考虑生态系统尤其是生物物种的兼顾性、共生性和协同性。主要措施包括开展生态补水，增加河湖生态流量；增设人工渔礁，利用树木或不规则石块等制造鱼类繁殖场，使用木桩、铺草、抛石或沉石等模拟自然状态营造生境；在条件允许时，构筑必要的滩、洲、湿地或砾石群等，提升河道的生境多样性；形成适宜度深浅交替的浅滩和深潭序列，构建急流、缓流和滩槽等丰富多样的水流条件及多样化的生境条件。

2）生态修复

生态修复是针对严重受损的生态系统采取人工措施将生态系统尽可能修复到某一参考状态的过程。生态修复的重点是在人工措施辅助下，依靠生物修复、物理修复和化学修复等技术，增加生态系统的服务功能，并增加生物多样性和生态系统弹性。需要采取什么样的人工措施取决于生态系统的类型和生态系统的受损程度。在生态修复之前，首先要根据退化程度和当前的限制条件确定修复目标，并选择参考生态系统，进一步决定所要采取的修复措施。常用的生态修复技术有植物、动物、微生物及其联合修复技术，具体如补播、植被恢复、生态浮岛、生物塘、人工湿地、生态护岸、生境条件重建等。

3）自然恢复

自然恢复属于生态修复的更高级阶段。自然恢复是针对轻度退化的生态系统，或通过生态修复措施生态系统状况得到很大程度改进后，依靠生态系统的自我恢复能力，实现生态系统的恢复。自然恢复是在生态修复取得一定效果后，生态系统依靠自身能够维持其过程、功能和服务功能，并朝着提高生物多样性、生态完整性和生态服务功能的方向发展。自然恢复强调生态系统重建原生生物种群，包括物种组成和群落结构。完整而健康的生态系统具有生态弹性，能抵御胁迫因子的不良影响，在受到干扰后会迅速地自我恢复。

渐进式生态修复的四大特征

渐进式生态修复具备四大特征：①因地制宜选择修复模式；②明确生态修复目标和参考生态系统；③坚持系统治理的思路；④重视生态调查与监测。以下对四大特征进行逐一介绍：

1）因地制宜选择修复模式是前提

应围绕流域治理目标和重点任务，综合考虑流域管理利用现状、相关规划、生态功能定位、生态文明建设等因素，根据生态现状、生态问题、生态目标，针对河流受损状况以及维持和改善生态系统的需求，确定修复模式，见图 9.2。

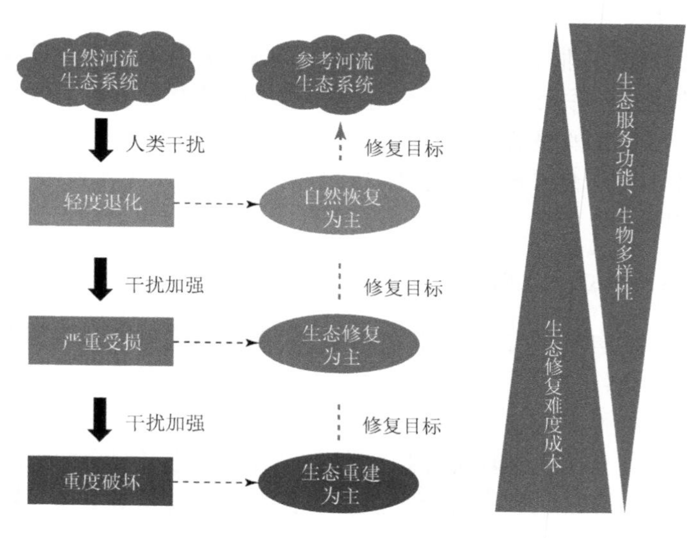

图 9.2 渐进式生态修复的模式与目标

2）明确生态目标和参考生态系统是关键

基于受损生态系统的实际情况，确定生态系统受损程度以及人类干扰程度，并结合当地的社会、经济、技术等约束条件，选择合适的生态修复模式和目标（图 9.2）。若生态系统刚刚开始退化或者退化程度较轻，此时可以自然恢复为主，采用较少的干预将生态系统恢复到自身能够维持过程、功能和服务的状态；若生态系统已经严重受损，此时可以在人工措施的辅助下，借助生态修复技术，完善生态系统的功能，提高生态系统弹性；若生态系统受损程度极重并受到人类极强的干扰，此时可以先针对污染破坏而采取一定的预防和治理措施，以生态重建为主，在系统功能逐步恢复后，开始采用生态修复的措施，并在条件成熟情况下逐步向自然恢复过渡。

渐进式生态修复的目标应明确每个生态属性的恢复程度，并在生态恢复项目启动前使用特定和可测量的指标来修复场地的生态属性。项目实施后也需监测相同的指标，以评估所采用的干预措施是否有利于实现生态恢复目标。生态修复项目包括一个或多个目标，并且目标会在项目进行期间根据实际情况进行调整或增减。渐进式生态修复理论将渐进式生态修复的目标分为生态重建目标、生态修复目标和自然恢复目标（图 9.2）。

生态修复还需要选择一个参考模型，用于表征生态系统修复预期要达到的状态。理想情况下，参考模型的状况需要和生态系统退化前的状况类似，如生物多样性（如动植物群）、非生物环境条件（如基质条件）以及与周边景观的相互作用等方面。在修复前，项目管理者需要对修复对象以及参考生态系统开展基准条件调查以确定二者存在的显著差异性条件，作为制定修复策略和计划的依据。在选择参考模型时，实践者需要将各种胁迫因子纳入模型中，以评估胁迫因子对生态功能的潜在影响。

3）坚持系统治理的思路是重点

生态是统一的自然系统，是相互依存、紧密联系的有机链条，必须坚持山水林田湖草沙一体化保护和系统治理。生态环境治理是一项系统工程，需要统筹考虑环境要素的复杂性、生态系统的完整性、自然地理单元的连续性、经济社会发展的可持续性。在全国生态环境保护大会上，习近平总书记全面总结我国生态文明建设取得的举世瞩目的巨大成就，强调“我们从解决突出生态环境问题入手，注重点面结合、标本兼治，实现由重点整治到系统治理的重大转变”。

流域性是江河湖泊最根本、最鲜明的特性（图 9.3）。坚持系统观念治水，关键是要以流域为单元，用系统思维统筹水的全过程治理，强化流域治理管理。流域是降水自然形成的以分水岭为边界、以江河湖泊为纽带的独立空间单元，流域内自然要素、经济要素、社会要素、文化要素紧密关联，共同构成了复合大系统。治水只有立足于流域的系统性、水流的规律性，正确处理系统与要素、要素与要素、结构与层次、系统与环境的关系，才能有效提升流域水安全保障能力。

按照流域治理的思路，在进行渐进式生态修复时，需要在河道-河岸-区域-流域不同尺度开展生态系统退化机制的剖析工作，构建兼顾“点-线-面”的河流生态修复思路和技术体系。

4）生态系统调查和监测是基础

选择生态修复模式和参考生态系统，需要以生态系统调查和监测为基础，以人类干扰程度和生态系统受损程度为标准，根据当地社会投资和技术水平来确定。生态系统调查和监测是实施渐进式生态修复的基础。提高生态系统调查和监测技术有利于更好地实践渐进式生态修复理论。

生态修复项目初期要编制基准条件数据库，以确定生态系统的受损程度以及人类干扰的程度，结合当地社会经济条件以及相关技术的情况，明确修复目标，并为修复后效果提供对照。基准条件数据库包括项目现场的物种组成和群落结构，土壤、水文条件等环境现状，导致生态系统受损的因素及其对生态系统的影响程度，周围景观特征对项目场地生态功能的影响，以及对生态系统功能受损的综合评估。

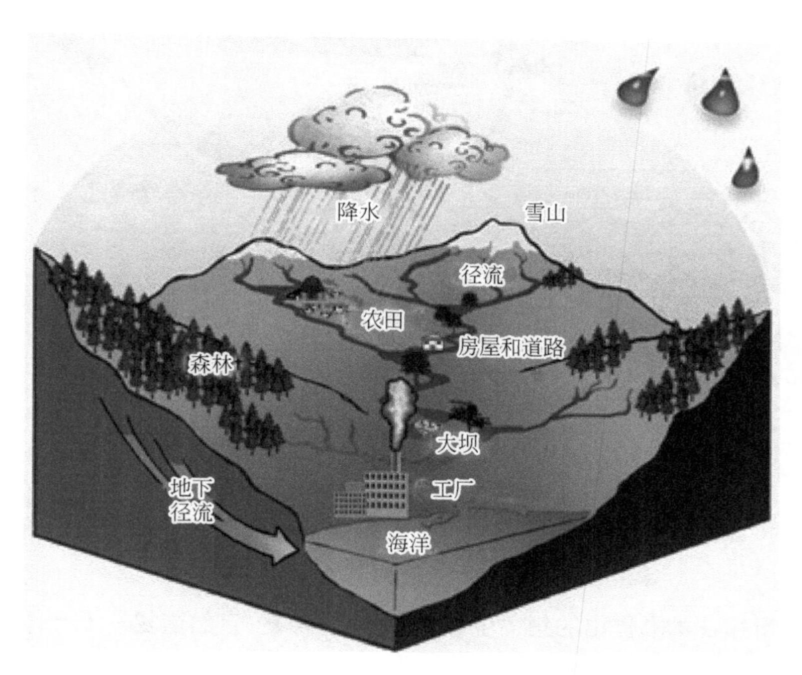

图 9.3　河湖流域性示意图

在生态修复项目开始时，需要可量化的总体目标和确定监测的具体目标。生态修复项目重点针对六类关键生态属性开展监测：非生物环境（如河流底质的物理化学性质、水量、水质等）、物种组成、结构多样性、生态系统功能、外部交换、胁迫因子等。涵盖以上六类关键生态属性的“生态修复花”可以辅助生态修复管理者和实践者记录不同阶段中生态系统属性的变化，评估生态修复的程度，跟踪生态修复的进程（附录 1）。整个监测计划应包括对基准条件进行抽样设计、监测实施、数据后处理、记录、归档和分析，以及制定适应性管理战略。在生态修复项目开展期间，邀请利益相关方一起参与项目设计、数据收集与分析，有助于协助决策及加强与利益相关方的长期合作。当修复项目完成后，仍然需要定期监测以检查生态退化是否会再次发生，确保生态恢复的前期投入的有效性及修复效果的持续性（图 9.4）。

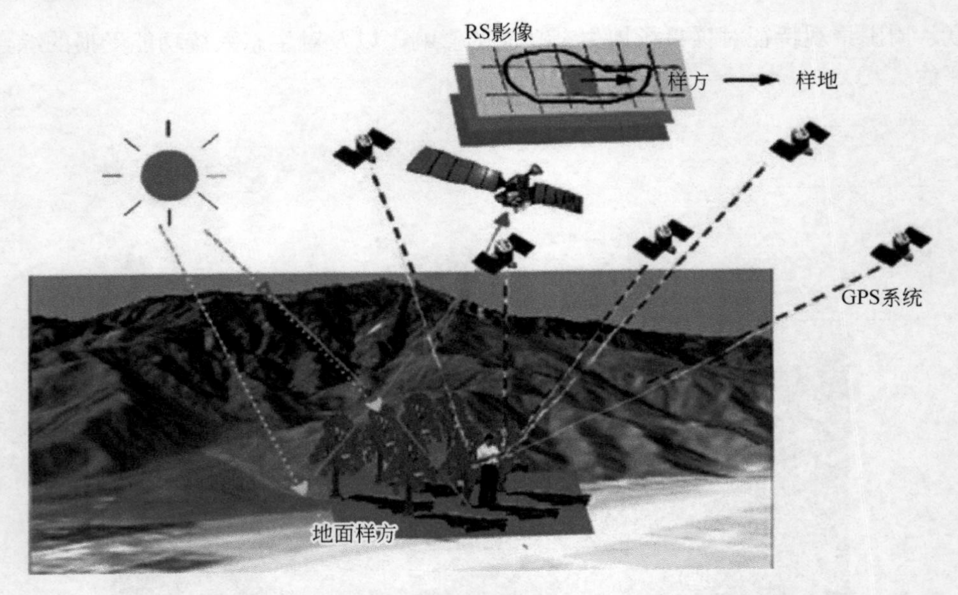

图 9.4 采用 3S 技术与地面样地调查建立长效的生态环境监测体系
（据北京林业大学冯仲科教授团队）

综上所述，本书提出的集“生态重建-生态修复-自然恢复”于一体的渐进式生态修复理论，充分考虑当地社会经济发展状况以及技术约束条件，根据基准条件数据库确定生态修复目标，科学选定参考生态系统，制定最适合当地的修复模式和方案，对不同生态系统具有普适性，为发展具有中国特色的生态修复学提供了理论基础。

第二部分 生态修复项目准备

第二部分介绍在实施生态修复项目计划之前,需要了解的概念性问题和需要考虑的实际问题。第十章将列举生态修复项目中彼此关联的五类人员,并介绍他们的角色和职责,该章有助于理解和解决生态修复项目中存在的实际问题。

第十一章将讨论与项目可行性相关的问题,如项目的资金来源。如果解决了这些问题,接下来就是确定项目场地的边界,这样项目才可以继续进行下去。第十二章将讨论利益相关方对项目的影响和贡献,利益相关方是与生态修复项目关联的群体。第十三章将解释如何制定项目的短期目标和长期目标,这也需要利益相关方的参与。第十四章将论述如何调查和编写生态基准库存。第十五章将阐释如何选择和描述参考模型。

第十章　项 目 角 色

本章介绍了项目利益相关方、项目的组织形式以及项目人员的角色与职责划分。项目利益相关方可以划分为五类：委托方、受影响群体、政府工作人员、项目组成员和项目支撑人员（表 10.1）。

表 10.1　项目利益相关方的划分

相关方	介绍
委托方	社会组织、政府机构、公共部门、私营企业或个人，他们发起生态修复项目，组织招标并确定中标方
受影响群体	受到项目影响的个人或组织。这些影响包括对社会的经济和文化、个人以及生态效益和价值等方面。典型的受影响群体包括： • 当地居民； • 当地社区团体； • 农民； • 工矿企业
政府工作人员	确保项目符合公共利益。 • 负责项目授权的人员：授权生态修复项目； • 审批人员：审批生态修复项目； • 监督人员：确保生态修复项目按照审批的内容进行
项目组成员	管理和执行项目的人员。 • 项目负责人：负责预算、采购、人事以及档案等； • 项目总监：确定项目的短期目标和长期目标，技术监督、撰写报告等； • 科学家：准备基准库存资料、选择参考和监测生态系统； • 联络人员：联络利益相关方和志愿者、保障公共关系、处理安全事务； • 项目规划人员：制定实施计划； • 项目经理：按照计划安排和管理各项任务； • 现场作业人员：执行项目； • 现场实习人员：协助现场作业人员和科学家
项目支撑人员	• 出资方：为委托方提供项目资金； • 办公室经理和职员：按项目负责人的要求完成相关工作； • 法律顾问：为项目负责人提供法律意见； • 园艺师：繁育种子、养护苗木； • 动物学家：繁育动物； • 设备操作人员：正确操作设备并完成好分配的任务等

委托方

委托方是发起项目的组织或个人。委托方可以委派自己的人员管理整个项目。委托方可以是各级政府，如地方政府、市政府、省政府或中央政府。委托方还可以是跨国组织，如联合国环境规划署、亚洲开发银行、欧盟以及世界银行等。委托方也可以是非政府组织，如世界自然基金会、大自然保护协会以及国际野生生物保护学会等。

委托方也可能是私营企业，这种情况越来越多地出现在采矿业、能源行业、交通运输业或其他工业企业。这些企业要承担破坏环境后的法律责任，有义务成为委托方以弥补其对环境造成的破坏。虽然目前没有相关的法律条款或奖励政策，但有一些企业已经开始自我管理。例如，一家木材生产公司生产的木材要获得环保认证，就必须事先开展林地修复工作，最终获得环保认证的木材会得到市场的认可。有时一家企业可以出资支持一个生态修复项目，用以展现企业的社会责任感和慈善行为等。

委托方也可能是慈善基金会；教育机构或研究机构；公共博物馆、森林公园、植物园或动物园；行业协会；军事部门；寺庙或其他宗教团体；社区组织；个人。有时委托方是由多个组织组成的联盟或联合公司。

委托方的部门领导可以任命项目负责人，也可以将这项权力委派给其他单位。生态修复项目可由委托方自己的员工完成。委托方也可以把部分或全部工作发包出去，承包方可以是咨询公司、监理公司或已签约的其他组织。劳动力来源包括雇用的工人或无私奉献的志愿者。对于已签约的项目人员来说，委托方通常被称为“客户”。

受影响群体

受影响群体是指受到生态修复项目影响的个人或组织。生态修复项目的影响涉及经济、文化、个人利益或利害关系等诸多方面。可能受到影响的组织包括：私营企业；农民协会；教育机构或宗教组织；或受到修复工作影响的其他组织。受影响群体会问：“项目是否符合我们的价值需求？项目是否会造成任何形式的破坏？”受影响群体可能在项目现场附近居住或经营自己的企业。不住在项目现场附近的受影响群体可能在项目现场附近拥有房产。

可能受到影响的组织可以是公共组织，也可以是私营组织；可以是营利性组织，也可以是非营利性组织。社区团体或地方机构中的一部分人，也可能会受到影响。受影响群体可能会因共同的利益而联合起来。工农业生产活动也可能会受到影响。

政府工作人员

许多生态修复项目会影响公众利益，因此项目需要经过政府审批后才能启动。有时项目负责人必须拿到地方政府、省政府甚至中央政府的审批。有时他们必须从不同的政府部门拿到审批，如与环境保护、林业和野生动物相关的政府部门。一些政府部门可能会通过具有评审资格的代理机构来评审某个生态修复项目，如一个区域规划机构可以评审某个生态修复项目的提案。

私营企业开展修复工作可能是为了承担破坏环境后的法律责任，企业要拿出一个合适的项目提案给相关政府部门。如果提案通过审批，企业会获得一张许可证，许可证可能会有项目完成后必须达到的要求。一旦审批通过，更多的政府部门可能会参与进来，以监督项目是否达到相关要求。同样，公共机构也可能会开展生态修复项目，以消除市政工程项目对环境造成的不利影响，特别是涉及道路建设、管道建设和渠道疏浚的市政工程项目。通常情况下，市政工程项目会不可避免地对环境造成不利影响，这种影响需要被消除。

项目组成员

1）项目负责人

一旦决定启动某个生态修复项目，委托方就会任命一名项目负责人负责整个项目（表 10.1）。如果项目是委托方自行承担，那么项目负责人一般是委托方自己的人员。通常来说，项目负责人也是项目办公室的负责人。不是所有的项目内容都由委托方自行完成，委托方也可以通过合同或其他强制性条件委派外部人员或专业管理机构来负责整个项目。

项目负责人的主要工作内容是：负责非技术类工作和筹资；处理财务事务，包括预算、报账、发放薪资和采购；雇用员工和处理人事关系；与政府部门就某些问题进行沟通；采购设备和物资以及签订合同；履行法律事务等。项目负责人可能会委派办公室人员负责部分工作，包括管理人事档案、发放薪资、准备采购清单和管理项目档案。项目负责人还要适时邀请相关专家和项目支撑人员。筹集资金前需要准备拨款申请书和考虑其他募集资金的方式，以避免初期筹得的资金无法满足项目需求。项目的方方面面都会涉及法律事务，如获得环境许可证、准备合同、明确责任分工以及就土地使用权和财产转让进行谈判。如果委托方没有指定项目总监，那么项目负责人可以确定人选。

一旦项目启动，项目负责人的首要职责就是在项目预算和法律规定的范围内确保项目总监的工作能顺利进行。项目负责人和项目总监必须时常进行沟通，以防止突发事件导致项目中途停工。一些修复工作只能在特定季节的特定时间范围内进行，修复工作必须尊重自然规律，针对此类情况，项目负责人可以将项目周期定为一年以上。

2）项目总监

项目总监是委托方的代理，负责监管所有的技术类工作和现场工作（表 10.1）。在项目开展过程中，项目总监需具有全局性视野，需要考虑技术、社会、经济、策略、政治、历史以及文化等诸多因素。项目总监是所有项目人员领导，拥有项目领导权。项目总监对项目的设计理念和项目计划的制定起着至关重要的作用。项目总监制定或批准一个项目的长期目标和短期目标，监管各种协议以及基准库存报告的编写工作，选择参考区域，构建或采用某个参考模型，选择完成修复工作的策略和方法。

项目总监还需要与项目负责人进行沟通，以确保会计师、法律顾问和其他管理人员了解项目并认真地履行他们各自的职责，这样有利于项目按期进行下去。项目经理向项目总监汇报工作并评估项目监管报告和其他技术文件。项目负责人可以要求项目总监在董事会、慈善基金会、出资机构、公职人员、利益相关者和公众面前汇报项目进展情况。项目总监选择项目规划人员、项目经理、现场作业人员、专家、联络人员以及技术人员等。项目总监从监测数据判断生态过程或生态功能以及生态系统的自组织性是否恢复，从而判断何时可以完成项目。

3）科学家

科学家系统地学习过植物学、动物学、生态学、水文学、湖泊学、海洋学、土壤学或与项目相关的其他学科。他们开展基准库存调查，选择和调查参考区域，并监测现场情况。现场作业人员也或多或少地拥有相关的专业知识，并能从事相关技术类工作。如果是这样的话，项目只需聘请少量科学家甚至不需要聘请科学家。科学家向项目总监汇报工作。

4）联络人员

联络人员主要负责处理公共关系和对外事务，以使项目总监和其他技术人员能集中精力从事技术类工作。联络人员需要与利益相关方和新闻媒体进行沟通，协调志愿者的日常工作，并安排公众参观等。具体地说，联络人员联系利益相关方，告知他们拟建项目情况，回答他们的问题，征求他们对项目目标的意见，让他们了解项目的进展情况，并尽可能地让他们参与到项目中来。如果出现影响项目的突发事件，联络人员要试图去解决。联络人员准备新闻稿，并向新闻媒体人员提供访问项目现场的机会。联络人员安排和陪同学生团体参观。联络人员与项目经理协商制定志愿者的工作时间表，并安排志愿者参加项目现场工作。联络人员确保志愿者的人身安全，联络人员也可担当安全员一职。

在项目实施过程中，项目往往对农村地区人民的生活方式造成干扰，特别是日常生活方式已经受到威胁的原住民。因此，联络人员的职责还包括保障这些受影响群体的社会福祉。例如，开展生态修复项目会造成一些牧场被关闭，这可能需要联络人员与当地农民协商出其可接受的补偿措施，以保障他们的生计和项目顺利进行。有时这一项工作会由专门的机构负责，联络人员只需要协助该机构开展相关工作。在开展生态修复项目时，为农民提供就业机会是一种新的工作思路，也是传播生态修复价值的一种方式。

5）项目规划人员

项目规划人员将在项目总监的指导下根据项目目标（第十三章）、基准库存（第十四章）和参考模型（第十五章）提供的信息制定生态修复项目的实施计划，其中包括提供项目人员需要的地图、图纸和书面说明。规划还要列出项目总监编写的项目短期目标，并说明如何从监测数据判断生态系统的恢复情况（第十九章）。现场作业人员可能也会参与到规划工作中，这种情况经常出现在一些小型生态修复项目中。

项目规划的详细程度可能会因项目的规模、项目的复杂性以及委托方的要求而有所不同。如果项目在实施之前需要通过评审，那么项目规划最好能提供更多的细节给政府部门或跨国组织。项目规划的好坏直接影响到项目是否可以通过审批和获得许可证。详细的规划也有助于准备合同条款，中标方将遵循合同条款为委托方负责项目实施。如果中标方不遵守合同条款，委托方可以要求赔款。因此，项目规划可能还需附有法律条款和技术说明。项目的总体规划是复杂的，因此需要由专业的规划人员来做项目规划。

一些规划或图纸需要符合法律要求，并且必须有具有资质的专业人员的签字和盖章。即使项目规划已经有了具有资质的专业人员的签字和盖章，项目总监还需检查项目规划是符合环境友好的发展理念。有时专业人员会对项目规划的某些内容进行变更，项目总监需要与其进行协商，以避免变更的内容对项目产生负面影响。

6）项目经理

项目经理负责确保项目按计划进行，并负责将开支控制在预算范围内。项目经理由项目总监聘请或指定，项目经理直接向项目总监汇报工作。项目经理的日常工作包括调度人员，订购和安排种植苗木，采购设备和其他用品，确保合同条款得到执行，根据项目预算核准开支。一些参与生态修复项目的公司或机构会有自己的项目经理。这种情况下，各方项目经理需进行合作，现场作业人员则会按照各自的项目经理的指示做事。

如果项目总监和项目经理经常进行沟通，那么项目更容易顺利进行，并取得好的结果。恢复生态系统内的原有生物对许多生态修复项目至关重要。我们常说风险与机会并存，只要敢于面对风险，就可能会获得惊喜。项目经理必须对预料之外的情况做出及时的反应，以确保项目成功和控制成本。有时，项目经理必须严格遵守时间表、预算和合同的规定，不允许出现任何意外。如果出现突发情况，项目经理需要提供简洁的信息和具有说服力的原因。当项目经理向项目总监请求增加预算时，项目经理也可以利用这些简洁的信息，并提供具有说服力的原因。

有时，项目经理还要担任项目的安全主管，以确保项目人员、志愿者和访客在现场不会受到伤害。项目经理还可能会担任培训主管，进而指导项目人员、分包单位、志愿者和其他人员执行相关任务。如果项目总监指派了专人负责安全事务和培训事务，项目经理就不需要负责此类事务。

7）现场作业人员

现场作业人员能很好地把理论用于实践，他们在项目现场执行各项任务，也直接或间接地指导合同方和志愿者进行相关工作。他们通常是能力很强的专业人士，他们在执行项目经理给他们安排的任务时几乎不需要被监督。理想情况下，参与生态修复项目的每个人都有相关工作经验，并获得相关资格认证。

现场作业人员可能是委托方雇用的人员，或是签订合同的项目顾问和承包方，或是社区组织的志愿者。第二十四章的案例五，以及第二十五章的案例八和案例十二叙述的生态修复项目就有志愿者的参与。生态修复项目的具体任务可以由一人完成，也可以由多人一起完成，每个人都有属于自己的任务。本书广泛使用“项目人员”这一词语，包括所有的生态修复从业人员，甚至包括一些项目支撑人员。当然，很多人都直接或间接地参与到生态修复项目中。如果一部分人取得了专业资质，他们可能被认为是最重要的“项目人员”，即使他们只是填补某些职位或间接参与到项目中。

8）现场实习人员

在项目实施和监测过程中，现场实习人员职责是协助现场作业人员和科学家。他们经常是刚毕业的大学生或刚入门的工作者，没有相关工作经验，也无法获得相关资格认证。

项目支撑人员

1）出资方

生态修复项目的资金来源是一个极其重要的问题，项目启动费用往往非常高。生态修复项目的资金可能是委托方自己出资的内部资金，也可能是从各个渠道筹集的外部资金。外部资金的来源包括个人、私营机构或公共机构的捐赠，以及亚洲开发银行、世界银行等跨国组织的拨款。

2）技术支持人员

技术支持人员会根据项目需要执行各种任务。一些比较常见的技术支持人员包括园艺师、动物学家、篱笆承包商、消防队员、除草人员、伐木人员、设备操作人员、牲畜管理人员以及特殊设备操作人员。技术支持人员可能受雇于委托方，也可能受雇于承包方或顾问方。

园艺师提供作物种子以及养护苗木和其他所需的植物，并在项目场地内为它们的生长创造有利的条件（图 10.1、图 10.2）。通常情况下，园艺师会在苗圃园里种植合同指定的植物，有时苗圃园就建在项目场地内，园艺师从植物的自然种群中采集种子或从收集种子的人那儿收购种子；有时为了增加种子成活率，园艺师会在苗床里培育种子。园艺师需处理和保存种子，并确保种子能萌发，一部分植物的种子可以直接播种在项目场地内；通常情况下，植物都是在苗圃园中长成苗木后再被种植到项目场地内，园艺师有时会通过插枝或砧木繁殖植物，利用植物的营养器官繁殖植物。

图 10.1 自然生态系统中采集的种子（据安德鲁·克莱尔）

园艺师对它们进行清洗、称重，然后会判断种子的生存能力，并把种子种在苗圃园中

通常动物不被引入修复场地内。如果需要引入的话，动物学家需要收集或繁育所需的动物。园艺师和动物学家有时被统称为"生物资源提供者"。

图 10.2 卧龙自然保护区的管理人员查看苗木的生长情况（据安德鲁·克莱尔）
这些苗木将被种植在一个生态修复项目场地内

搭建篱笆是为了防止一些家畜或野生食草动物进入场地内寻找食物，以及防范一些人私自进入场地内。消防员负责人工引火，以减少场地内的易燃物，或促进一些生态过程，如苗床的准备。除草人员用除草剂杀除场地内不需要的植物，特别是入侵物种。伐木人员一般通过机械设备去除一些不需要的树木或灌木丛。设备操作人员使用机械设备以快速完成多项任务，如清除垃圾，填补沟渠和土坑，移除堆积的沉积物和滑落的岩石，以及做一些农活，如铺设地膜、施肥、喷洒石灰以及播种种子等。项目人员会承担一些这样的工作，从而减少项目辅助人员的数量。

一人多职

前面的讨论给人的印象是生态修复项目需要大量具有不同专业知识的人员。这对于大而复杂的项目通常是正确的。但许多项目其实不需要这么多人，这种情况下，一人可以身兼多职，如项目总监也可以担任项目负责人或项目经理；项目规划可由经验丰富的现场作业人员负责；现场作业人员可承担科学家的一些工作，如监测工作。一个项目不在于有多少专业人员，而在于确保所有的岗位职责都有人负责。

委托方可能会设立一些头衔来识别不同人在项目中所属的岗位。这些头衔只是形式上的，只要与生态修复项目密切相关即可。还可以根据项目需要增加一些岗位，如当多个独立的小型生态修复项目成为景观尺度的生态修复项目的一部分时，那么就需要有协调员。在大型生态修复项目中，由于承包方和分包方也属于项目人员，项目的组织结构就会变得更加复杂，他们的内部也会有不同的分工以履行相应的项目任务。出于这些原因，具体情况下的生态修复项目的人员组成表可能与表 10.1 截然不同。但是，表 10.1 中列出的项目人员是每个项目都需要的。

任务清单

开展生态修复的过程中会有许多任务，本章和后面的章节会涉及这些任务。这些任务需要由委托方、项目负责人、项目总监、项目经理和联络人员完成，很多管理者对如何分配任务几乎没有经验。所以本书提供了附录 2，列出了每个岗位的主要职责。一般情况下，每个岗位的工作大致就是附录 2 列出的内容，有助于管理者牢记对生态修复项目至关重要的工作。

第十一章　项目可行性与场地边界

在进行生态修复项目之前，委托方必须考虑项目的可行性。委托方或其代表一般需要聘请项目负责人、项目总监及部分专业人员一起讨论项目的可行性。项目可行性分析是生态修复非常重要的一步，必须以谨慎的态度和长远的眼光对待。但是由于决策人员知识有限，他们做出的决策往往是不够周全的。就这一点而言，生态修复项目基本上类似于有风险的创业活动。

一旦决定实施生态修复项目，委托方可将项目移交给项目负责人和项目总监。委托方几乎不参与到项目中，他们可能只会出现在一些仪式中。尽管如此，决定成为委托方是一个重大的决定，是需要勇气的，这一点很容易被忽视。在项目实施过程中，项目人员可能害怕失败，或者他们的努力不会被领导理解或赞赏。出现以上情况主要有以下三点原因。

首先，生态修复项目没有明显的最终产品作为项目顺利完成的证据。项目的目标是重建生态过程，并让生态过程回到正常的轨道上。因此，项目人员可能无法让其他人相信他们已经完成了任务。

其次，自然界充满着各种变数，项目人员几乎没有能力控制这些变数，他们的努力可能会受到极端天气等各种突发状况的影响。如果发生这类灾难性事件，那么所有的付出和资金都付诸东流。

最后，在修复受损生态系统的过程中，项目人员需要抵制存在了几个世纪之久的行为，这种行为就是人类以目光短浅的方式使用自然资本，以增加生活的舒适度。人类还没有认真评估过这种行为的后果，以及这种行为如何影响社会和经济的方方面面。人类不认为这种行为会影响到子孙后代。人类经常说自己是有理性的，但当必须做出决定和采取行动时，人类又很难改变剥削和破坏环境的行为，这种行为已经存在了数千年之久，在人口数量急剧增长之后，大自然已经难以承受这种行为的不利影响（图 11.1）。

当今经济发展模式往往还是以破坏环境为代价，人类又往往忽视了破坏环境的后果。这是人类面临的最严重的挑战。存在于我们这一代人中几乎所有的社会经济问题和地缘政治问题都可以归结为生态安全受到威胁。人类比以往任何时候都更需要英雄，在英雄的带领下拯救人类赖以生存的大自然。成为一个生态修复项目的委托方需要有英雄主义情怀。我们需要有英勇的委托方来支持生态修复项目，他们将把世界带到恢复自然的道路上。

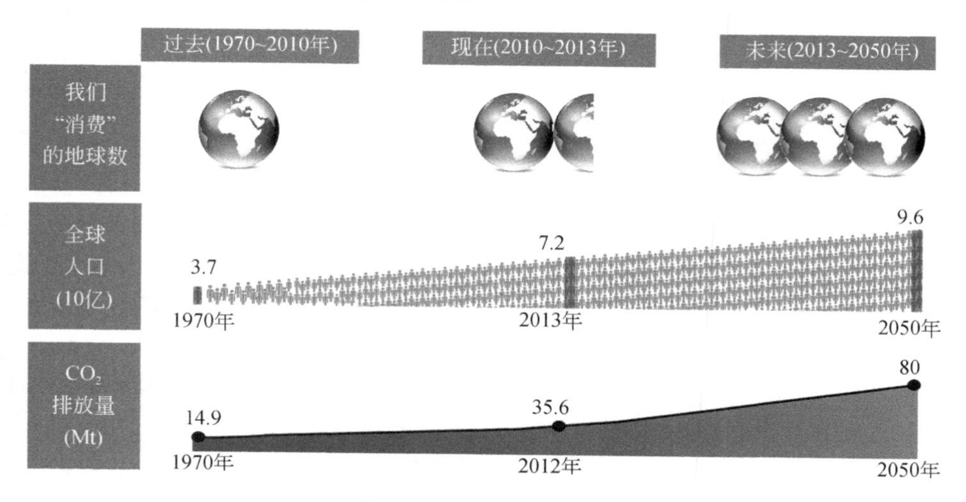

图 11.1　人类的生态足迹

根据世界自然基金会发布的《地球生命力报告 2012》，人类正在使用的资源超过了地球可供给能力的 50%，如果人类不改变这一趋势，这个数字将会增长更快——到 2030 年，即使有两个地球也不能满足人类的需求

可行性问题

一旦要开展某个生态修复项目，委托方就必须回答涉及项目可行性的七个问题，包括，

问题 1：项目能否消除导致生态系统受损的威迫因子？

问题 2：项目能否找到一个参考作为项目规划的依据？

问题 3：项目是否会损害利益相关方的利益？

问题 4：项目涉及的后勤问题、技术类问题以及法律问题能否得到解决？

问题 5：项目能否通过政府的审批？

问题 6：项目是否能获得足够的资金支持？

问题 7：生态系统被修复后，它能否抵御未来的潜在威胁？

如果答案都是肯定的，那么项目就可以向前推进了，否则就应该放弃这个项目。

问题 1：这个问题是至关重要的。如果损害生态系统的不利因素继续有增无减，就没有任何理由去开展修复工作。例如，如果过度放牧是造成自然区域受损的原因，那么就必须采取法律手段禁止放牧，或为牧民提供其他的谋生方式。为了阻止放牧行为，至少在生态系统恢复正常之前，有必要在项目现场搭建篱笆。

问题 2：这个问题也是至关重要的。如果生态系统自受损以来，现场的环境条件发生了巨大变化，生态系统恢复到原来状态的机会已经不复存在，那么在这种情况下，项目总监必须确定生态系统的历史发展轨迹是否能在新的环境条件下得到重建。如果不能，我们可采取简单的修复方式或其他环境改善方式。第二十四章的案例六就是一个有代表性的例子，北京奥林匹克公园的“龙形水系”的修建就是一种小范围的环境改善模式。

问题 3：只能预测，而不能得到一个肯定的答案，因为只有等到项目立项以后，才清楚利益相关方的反应。利益相关方对项目的反应可能出乎意料的强烈，特别是当他们察觉到其经济利益受到威胁时。这种反应要引起充分的重视，应在项目立项之前，在项目的可行性分析中对主要的利益相关方的反应做出初步假设。

问题 4：主要由项目总监负责。项目总监将检查项目场地，以确定是否有无法处理的后勤保障或技术类问题，因为这些问题都会导致项目失败。还必须考虑利用法律约束某些行为的可能性，如约束项目场地附近居民的行为和限制与项目无关的人员进出项目现场。

问题 5：可能要求项目负责人了解相关法律，以确定需要哪些行政审批，以及如何通过审批。与政府工作人员的会晤可以确定需要哪些行政审批。如果想知道生态修复项目是否与现有的经济活动或邻近区域的规划方案相一致，项目负责人需要从政府规划部门那里了解情况。为了避免冲突或平衡各方利益，可采取的方法有调整项目场地边界和采取其他可行的措施。有时政府只顾发展经济而不考虑环境问题，这时政府就会忽视生态修复项目。这种情况下，项目总监可能需要与规划部门进行沟通，并向政府部门相关人员解释生态修复项目能带来的意想不到的益处。在沟通的过程中，获取公众舆论支持生态修复项目，更有利于生态修复项目的开展。

问题 6：资金问题对于生态修复项目也是至关重要的。关于这个问题，项目人员需给出部分答案，否则委托方不会考虑开展生态修复项目。据推测，项目可能由委托方自己出资，也可能通过其他外部渠道暂时获得资金。如果都不是，那么资金问题就变得至关重要，因为资金不足的项目注定是草草了事或是失败的。除了考虑资金来源外，还应考虑有关资金的其他三个问题。第一个问题是在实施现场作业之前，项目前期资金能否支持项目的规划工作和准备工作。第二个问题是预算问题，如果项目要继续下去，那么就需要做够多年的预算。与大多数建设工程项目相比，生态修复项目不仅复杂而且耗时长，资金短缺可能会导致一个项目失败。如果项目在解决资金短缺问题之后重启，耗费大量时间、精力和经费所做的一切可能需从头再来。第三个问题是需要准备应急资金。在物种繁多、环境条件多变的情况下开展修复工作就意味着风险相当高。一份好的预算会预留 10%的资金用于应对突发事件，并且项目人员能根据需要迅速获得应急资金。

问题 7：可能会引起额外的关注。如果有规划说明项目场地在未来会被开发利用，那么就没有必要在此处开展修复工作。如果委托方拥有或管理项目场地，他们只需要制定和实施内部管理措施就能确保这块地可以得到保护。如果项目场地是由其他组织拥有或管理，那么该组织必须提供一个切实可行的长期保护措施。然而这就会出现所谓的“机构记忆”问题，随着时间的推移和工作人员的更换，新的工作人员可能不知道生态系统的受损情况以及修复工作的历程。该组织需要制定一个交接程序，使生态系统的受损情况和修复工作的历程众所周知，以便持续开展保护和管理工作。

项目完成后，如果委托方不继续保护项目场地，那么关于是否应该继续保护项目场地的讨论就会出现。这是一个管理决策问题，在做出开展修复工作的决定时，这个问题可能没有明确的答案。未来是不可预测的，即使是在项目取得好的结果的情况下，也会有人对项目采取的措施提出质疑。成本-效益分析可能是解决这个问题的最好办法。可以根据第二章的内容，评估生态修复项目能获得哪些价值，而且不是简单地评估直接或间接的经济价值。

项目场地边界的确定

如果上述七个问题的答案都是肯定的，下一步就是确定项目场地的边界，并把它描绘在地图或航拍图上。如果可能的话，项目场地的边界应尽量靠近一个完整的、没有受到损害的自然区域，这样就可以通过生态修复项目来扩大自然区域的范围。另外，如果项目场地的边界能将支离破碎的自然区域重新连接起来，那么项目场地就会成为生物迁徙的廊道（见第二十四章的案例四），项目的生态价值也将大幅度增加。利益相关方所关心的问题也值得关注，项目场地边界的微小调整都可能会对附近居民或其他人造成很大的影响，满足附近居民的需求可以避免冲突，也会让他们转而支持这个项目。

确定边界时应考虑一些具体需求和问题。一个最为关键的问题是场地内能否容纳下所需的卡车和其他车辆，这些车辆用来搭建项目场地、运输物资和苗木。在项目现场内或项目现场附近需要设置停车场和存放设备和物资的预留区。如果要搭建一个苗圃园，那么也需要指定一块专门的地方。如果项目场地很偏远，那么可能需要搭建一个营地，项目人员能在项目现场停留几天时间。营地内应有卫生设施，同时还应有饮用水或灌溉用水。

一旦边界确立了，永久性的桩子或纪念碑会连同边界上的独特自然特征成为边界的标识，这些标识可以用地理信息系统（geographical information system，GIS）技术来确定其坐标。项目场地的确切面积可以由 GIS 软件和航拍图来确定。如有需要，可由专业人员编写项目场地边界的法律说明。

如果有可能，建议选择受损的生态系统中具有代表性的一小部分区域作为对照，让对照区域自然恢复，并与开展修复工作的区域进行对比，这样可以凸显出项目人员采取人工措施协助生态系统恢复的成效。但是必须注意，要确保这个对照区域不会成为入侵物种的温床，从而避免入侵物种遍布整个项目场地。

第十二章　利益相关方

项目委托方会委托项目负责人和联络人员确定利益相关方的名单。利益相关方会受到项目现场和项目后续工作的影响。另外，需要特别关注在项目场地附近生活和工作的人们。他们中的大多数人可能是靠种庄稼、养殖牲畜，或在项目场地附近采集自然产品而谋生的农民。另一部分人可能经营或受雇于当地企业和工厂，这些企业和工厂的生产活动尽管距离项目场地比较远，但可能会影响到项目场地对水或其他资源的需求。

一旦项目技术人员出现在项目现场，利益相关方就可能会立即关注到生态修复项目。联络人员要特别关注当地利益相关方的反应，并及时告知他们项目意图以及项目如何使其受益。在项目实施过程中，可以雇用一些利益相关方，使他们直接从项目中获益，这样能减少利益相关方对项目的反对声。在四川卧龙自然保护区开展的洞口生态修复项目就为当地居民提供了就业机会（见第二十四章的案例四）。另外，需要定期向当地的利益相关方通报项目进展情况，以减少他们对项目的过度关注，并缓和公众情绪。如果他们对项目持有积极的态度，他们可以通过各种方式提供协助。例如，他们会提醒项目人员注意一些容易被忽视的当地条件，或会对不同栽培技术提出宝贵的意见。与当地利益相关方的沟通方式因项目而异，通常最有效的方式是面对面直接交流；通过新闻媒体发布新闻稿也是一种有效的方式，特别是如果本地新闻网站能宣传生态修复项目，效果会更好。

利益相关方需要知道，在项目规划过程中，他们的利益是否被认真地考虑，以及他们如何从项目中获益。至少，他们需要一个机会说出自己的意见，也需要有人愿意倾听，并且非常认真地对待他们的意见。否则可能会引发公众的不满，最终项目也得不到公众的认同。例如，牧民可能任由自己家的牲畜去最近才种上植物的项目场地觅食，这样的结果可能是牲畜在一天内毁掉种植了一年的植物。放牧往往对生态修复项目的威胁最大。为牧民提供就业机会或其他获得收入的方式往往要比在项目场地搭建围栏和设置警卫要有用得多（图 12.1）。

在某些情况下，不利的公众舆论会引起政府的注意，这样可能会导致项目被取消。为了不出现这种情况，联络人员需要与当地居民进行沟通，并在附近的社区召开公众会议，来告知他们被修复的生态系统能带来哪些益处，他们如何从中获益。为了表示善意，项目的工作还可以包括维修道路或向农村土地所有者捐赠果树。另外，一个可采取的策略是联络人员与学校教师沟通，让教师引导当地学生探索生态修复的益处，因为学生是国家的未来，他们是从生态修复项目中获益最多的人。学生在参观项目现场后，他们会更加深刻地理解生态修复的重要性。这样他们在与自己父母交流的过程中，就可以让自己的父母认识到项目的价值，父母也会在潜移默化中认可生态修复项目。

图 12.1 在若尔盖高原一处泥炭沼泽地上的搭建栅栏（据马坤）
（以防止牦牛和绵羊破坏项目场地）

委托方和利益相关方坐在一起并召开研讨会议，是一个互惠互利的措施。这应该是一个公开的会议，项目人员需要简洁地描述项目，并回答利益相关方关心的问题。大多数公开召开的会议中，项目人员会把项目场地地图和航拍图提供给利益相关方。项目人员会向利益相关方了解他们关心的问题，问题不仅涉及拟开展项目的方方面面，也会涉及项目对他们的经济利益和生活环境产生的影响。项目人员要鼓励利益相关方用笔将自己住处、工作地点标注在项目场地地图或航拍图上。利益相关方中的一些人可能对当地自然历史相当了解，这些人能提出一些被项目规划人员忽视掉的问题并为项目规划提供宝贵的意见。在研讨会议结束后，联络人员将整理利益相关方关注的问题和提出的意见，进而制定更好的项目计划，并和利益相关方保持良好的关系。联络人员还需要确认要聘用哪些人员和团队，并确认他们能做哪些工作。

生态修复项目不仅需要关注当地居民和社区所关心的问题，也要关注那些受到生态修复项目影响的私营企业所关心的问题，联络人员要与这些私营企业的代表积极沟通。这些企业也是利益相关方中的一员，它们对项目的态度可以决定项目是否能进行下去。例如，企业的支持对于项目通过政府审批至关重要，如果联络人员与企业代表洽谈愉快，联络人员可以说服企业为项目融资做贡献，以此表达企业对项目的支持。企业可以安排自己的员工，以志愿者的身份参与到项目的实施过程中。企业的会议厅也可以用于举办公众会议。由于存在这些可能性，联络人员应与这些企业保持良好的关系和进行积极地沟通，并告知他们生态修复项目能带来哪些社会效益。

第十三章　生态修复项目的目标

长期目标只有经过持续地努力、不懈地奋斗才能实现，它是项目人员期望看到的结果。生态修复项目要达到三个目标：第一，修复后，生态系统要能显现参考生态系统的特征；第二，修复后，生态系统所能提供的自然服务也随之恢复，特别是政府意见书、项目授权书和现行标准中提到的自然服务；第三，从修复过程中，可以收获文化价值和个人价值。目标可由利益相关方提出，或在研讨会议中与利益相关方讨论得出。项目总监和其他主要项目人员可能在会见政府工作人员和利益相关方前就列举了许多目标，但是他们需要在会议之后做出调整或增减。

短期目标是一个有形的、具体的结果，它通常很容易被测量或量化。在生态修复项目中，只有先实现短期目标，才能最终实现长期目标。人们通过监测数据的好坏判断短期目标是否达到。当短期目标达到时，短期目标提到的生态特征可以重新出现。

目标生态系统

实施生态修复项目时，项目人员在脑海中就已经有了一个目标，他们会展望生物多样性完全恢复后生态系统的状态。对恢复后的生态系统的状态展望出来的画面就是我们的“目标”。由于生态修复是以修复各种生态过程为导向的，它只是协助生态系统恢复不同的生态系统功能，因此生态修复不存在实现最终的结果或终点，也不会生产出产品。生态系统是动态变化的，生态系统中生物多样性也在不断变化。如果以人的一生作为衡量标准，有些生态系统在这段时间内可能几乎不会发生什么变化，特别是在生态系统外部环境条件非常稳定的情况下。这种情况下，生态系统中生物多样性发生的细微变化通常会被忽略不计，人们倾向于认为自然区域在短的时间范围内是静止不变的。然而，有些生态系统可能会在短时间内发生较大的变化，如位于洪泛平原和沿海区域的生态系统。

在稳定的条件下，项目人员确定修复目标的方式就是考虑让生态系统恢复到什么样的状态，可能是先前的某一状态、历史记录中的某一状态或是受损前的状态，这种确定目标的方式看似是合理的。这是很多项目人员的做法，同时这也无疑是公众对生态修复（特别是生态恢复）的看法。然而当前全球气候变化，人类活动对自然区域的干扰也越来越显著，生态系统很难再保持稳定的状态，这造成了生物多样性也在不断变化，因此制定生态修复项目的目标也越来越难。通常来说，时光不会倒流，就如同电影只能按照从头到尾的顺序放映，复原或重建生态系统的原有状态非常困难。实际上，修复工作更像是搭建电影的拍摄场景，而不是拍摄电影的内容。

各种各样的动植物在生态修复项目起着至关重要的作用，在漫长的地质时代中，动植物与环境相互作用。环境不断改变，影响着生物；生物也不断进化，适应并影响环境。生物在长期进化过程中形成了对环境的适应能力。如果在适当的阶段将它们引入项目场地，它们能逐渐形成功能复杂的群落。如果生态修复项目想要取得成功，最可行的办法就是尽可能让受损的生态系统恢复到原来的状态，因为生态系统原有的环境条件能给更多的生物提供赖以生存的场所。修复工作不应被视为园艺工作，因为修复工作要考虑的问题远多于园艺工作。项目人员可能面临项目目标无法实现的挑战，主要是因为生物在不断适应环境的同时，生物多样性也在不断地发生变化，而项目人员无法准确预知这种变化。实际上，生态修复是在保护人类的未来。因此，生态修复应以开阔的思路设想目标生态系统的方方面面，如目标生态系统中生物多样性的变化趋势等。

在设想的目标生态系统中，它能为各种生物提供赖以生存的空间和环境条件。值得注意的是，由于环境条件发生了根本性变化，生态系统中的物种组成和生物群落也会发生相应的变化，这种变化应该被接受。例如，某生态系统在经历火烧之后演替成草原生态系统，如果要维持草原生态系统不发生改变，那么需要无限期地进行定期人工放火管理，否则草原可能会自然转变为林地。如果人工放火不被允许，那么应该接受林地出现的事实。

图 13.1 不仅体现出了不同的修复目标，也体现出了目标会发生变化的原因。图 13.1 是对图 7.1 的改进。生物多样性的未来发展轨迹被描绘为随着时间的推移而宽度不断增加的区域。未来的轨迹可能会在这个区域的界限内，但轨迹的确切位置无法被预测。如果能准确地预测土地利用情况，区域的宽度会变窄。

以恢复自然服务为目标

正如第二章中强调的那样，开展生态修复项目的理由是获得没有实现的价值，如表 2.1 中列出的生态系统服务价值，以及如图 3.1 和 3.2 所示的生态价值、社会经济价值、文化价值和个人价值。当政府部门或自然资源保护和管理部门决定批准、执行或委托生态修复项目时，这些机构所制定的目标，不管是有意还是无意的，几乎总是切合它们的关注点。这是可以理解的，因为世界上没有任何一家机构或政府部门是致力于全面的生态系统管理。实际上，他们关注点是某一个方面，如野生动植物、渔业、水质、水土流失、造林学、水文过程和稀有物种的保护。

例如，林业部门可能只对能用于制造木材的树木感兴趣，可能较少关注本地的其他植物，甚至可能认为其他植物与他们感兴趣的树木存在竞争关系。如果是这样，该部门的关注点可能只限于林产品。

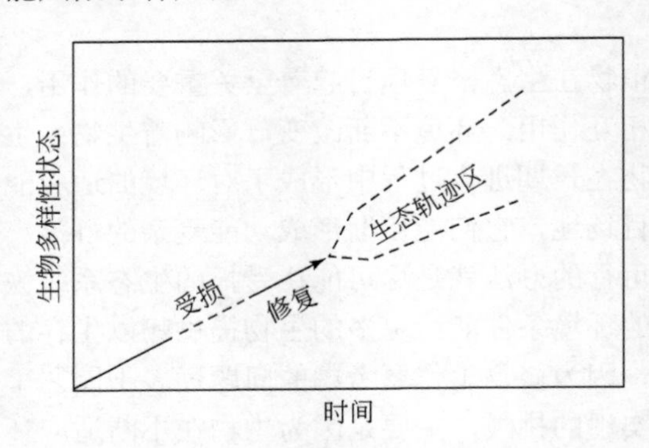

图 13.1 被修复的生态系统恢复自组织能力

生态轨迹会因为环境变化和人口数量变化的影响而发生改变

跨国组织和较大的非政府组织已经从致力于恢复生物多样性，转向致力于恢复生态系统服务。主要原因包括两个方面，一方面，这些组织希望通过恢复生态系统服务，帮助当地民众改变传统的生活方式和发展经济；另一方面，一些国家注重生态系统服务，所以这些组织有意地把项目与政府的需求结合到一起，这已经成为一种趋势。

新一代的生态学家和自然资源管理专业的人员，已经对植物分类学不感兴趣，然而植物分类学是理解生物多样性的基础。系统生物学是一门重视野外调查的课程，这门课已经开设了 50 年之久，然而现在的情况是这门课也越来越不受重视。最终的结果是，未来的分类学领域可能会缺少专家，而这些专家在恢复生物多样性的过程中有至关重要的作用。

对生态系统服务的重视程度可能会使生态修复项目转变为以生产产品为导向，这也使生态修复项目成为生态工程（第二十一章）的一部分，实施生态工程几乎不需要参考。生态工程比旨在恢复生物多样性的生态修复项目更容易规划和实施。生态工程可以被很快地完成，并且生态工程有更精准的预算。监理方可以轻松地完成监督工作，而且短时间内“机构记忆”不太可能会被丢失或遗忘。从管理的角度来看，这些都是极大的优势；但是从生态的角度来看，这其中存在很多问题。

所有生态修复项目的理想或目标应该是恢复生物多样性，以恢复各种生态过程，从而产生具有弹性、自我可持续性和生态复杂性的生态系统。这个目标是图

3.1 描述的生态价值的浓缩，也是图 3.2 描述的生态价值的浓缩。被修复的生态系统具有自我可持续性，能为人类提供各种各样的自然服务，也几乎不需要人类管理。这种方法可与一个为了管理金融资产而采取的多元化投资战略相媲美。同样，在我们“投资”自然区域时，恢复生物多样性不仅能增加自然服务，也能进一步保障生态安全。

利益相关方的目标

利益相关方的目标可以从介绍自然服务类型与内容的表 2.1 或对各种价值进行分类的图 3.2 中筛选出来。有时可以通过合理地选择项目场地的位置来满足利益相关方的需求。例如，湿地修复项目的目标之一，是给学生提供学习环境科学的现场教学场地。这一目标能否实现，取决于学生最后是否能访问项目场地。如果目标是为了扩大自然区域面积，以吸纳可能出现在丰水期的洪水，那么项目场地的位置最好设立在流域内。

联络人员在确定利益相关方的需求后，就应该征求他们对项目目标的建议，然后在研讨会中拿出修改好的项目建议书，并且向他们解释项目人员对修复项目的设想以及他们如何从中获益。这样做可以使会议的讨论过程集中在焦点问题上，也可以避免出现讨论无关紧要的问题，从而减少误解和节约时间。实际上，利益相关方更有可能提出一些建设性的意见。通过组织和开展会议，让利益相关方感受到他们的意见被认真对待，感受到他们也参与到项目中。这种对利益相关方心灵上的慰藉，不仅可以影响当地人对项目的态度，也可以使那些对项目漠不关心的人转而支持项目并积极参与到项目中。项目不需要所有人参与，可能只需要一些德高望重的长者和领导者参与进来就行了。来自本地的联络人员会帮助选择适当的人群。

项目的短期目标

一旦项目开始执行，现场工作通常就需要耗费几年的时间，现场工作结束后，生态系统会在一定程度上恢复其功能性和自组织性。几乎毫无例外，生态修复项目在目标生态系统完全恢复和项目的长期目标达到之前就已经停止了。这种情况经常出现在森林修复项目中，可能在十年内就可以完成现场工作，但是森林完全恢复可能需要几个世纪。其中一个问题是，如何确定生态系统何时会恢复自组织性，判断的指标包括：代表性植物生长旺盛，包括植物的散布和种子的产生过程；没有生态功能障碍的迹象，任何入侵物种都不会对项目的成功构成威胁；代表性动物的栖息地面积不断扩大，逐步连片；水文循环正常等。陆地生态系统正在恢复的重要标志是土壤积累了有机质（图 13.2）。土壤有机质的含量决定了土壤真菌的多度，对许多生态功能起着至关重要的作用。任何会导致真菌菌丝增加的迹象，如土壤有机质含量升高，都是一个具有说服力的判断指标。

图 13.2　在澳大利亚，人们把有机肥掺入岩石基质中以修复山林（据安德鲁·克莱尔）

为了确定自组织性何时恢复，在项目规划过程中应该考虑具体的指标，当这个指标出现时，自组织性就得到恢复。生态修复项目将持续到这些指标都出现为止。总的来说，项目的短期目标与长期目标相辅相成。第十六章会更加全面地解释，短期目标在项目实施之前就被确定下来。项目人员需要根据预先确定的数据采样技术和数据分析撰写监测报告，并以此来确定现场工作的完成情况。这一过程需要排除主观性，并需要依靠专业的评估方法。

第十四章　基 准 库 存

生态修复项目的下一个任务是编写用于描述生态系统目前状况的基准库存报告。这项任务要在项目实施之前完成，其目的是确定项目现场的受损程度，并评估目前可能存在的自然服务的状况。这些信息对于制定修复策略和具体实施计划至关重要。

生态修复会抹掉生态系统的受损痕迹。没有基准库存报告，就没有办法确定受损程度，也没有办法说明生态修复的重要性。此外，要评估修复策略和修复技术的有效性，就必须要知道生态系统受损前的状况。决策者、出资方和其他有能力支持和决定项目的人都需要看到能体现出修复效果的证据。这些证据是通过把修复前后的情况进行比较得来的。为了能进行评价，内容详细的基准库存报告是必不可少的。

项目总监可以制定调查方案并指挥调查工作，也可以参与并监督调查人员的调查工作。项目总监还要负责筹备或监督基准库存报告的编写工作，并把基准库存报告提供给项目规划人员。在调查基准库存期间，项目人员要收集足够的信息，以描述以下内容：项目现场的物种组成和群落结构；土壤、水文条件等环境现状；导致生态系统受损的因素及其对生态系统的影响程度；周围景观特征对项目场地生态功能的影响，以及对生态系统功能受损的综合评估。如何调查基准库存或编写基准库存报告，没有统一的格式或绝对正确的方法。现场条件、存在的胁迫因子和生态系统的受损程度将决定基准库存的调查结果。预算和后勤保障工作也可能会影响基准库存的调查结果。

在调查基准库存之前，项目场地的边界要通过桩、旗帜或其他标记物来标记并清晰地体现在地图或航拍图上。如果项目场地是由各种各样特征独特的区域组成的，那么每个特征独特的区域边界都应清晰地体现在地图或航拍图上，从而可以为不同的区域制定不同的调查方案。需要描述每个被多边形标识出来的场地的状况，如斜坡、水分条件和受损程度。每个多边形区域中的生物群情况取决于区域内的物种组成和群落结构的特征。具有相似特征的多边形区域的调查结果可以整合到一起并记录在最终的报告中。生态修复项目开展期间和完成之后的监测数据都必不可少。

编写基准库存报告是为了描述生态系统的受损程度，而不是为了对项目场地进行全面的描述。汇总后的基准库存报告不用记录与调查目的无关的内容，如无关的时间点、所需物资和资金支出。对于规模较小、复杂程度较低的项目，富有经验的观察员可能只需一天或几天的时间，就可以调查清楚现场的基准库存情况。基准库存报告不用记录那些未遭破坏的生态环境条件，因为在项目的实施过程中，项目人员不需要修复这些未遭破坏的生态环境条件。例如，如果一个区域内的植被被破坏，但区域内的土壤没有被破坏，那么在基准库存报告中详细描述生物群状况的同时，对土壤状况的描述只用一笔带过。需要确定出对生态系统产生影响的关键因素，如湿地中的水分情况以及火对生态系统的影响。这些关键因素的变化，在一定程度上会导致生态系统受损，所以了解这些关键因素对于制定实施计划和修复后的管理策略至关重要。

基准库存数据将汇总到基准库存报告中，这是项目档案中的重要资料。报告应该包括：地图和航拍图；地形数据；描述基准库存的方法；记录分析结果的文本和汇总表；记录原始数据的附录。地图和航拍图可用于形象地展示实施计划和项目目标，包括绘制区域边界，选取摄影点和长期采样点。高程图是必不可少的，如果土壤是非均质的，那么土壤图也是必不可少的。时间序列的航拍图是非常有价值的，可以展示生态系统在不同时期下的状况。在项目的实施过程中，一些区域的情况可能比较特殊，如濒危物种出没的区域，要重点关注这些特殊区域。计算机辅助制造（computer aided manufacturing，CAM）和地理信息系统（GIS）技术对描述数据十分有用。

在指定的摄影点拍摄大量高分辨率的照片和精心整理这些照片非常重要。这对于形象说明修复前后的状况和证明修复效果意义重大。这可能是整个基准库存调查工作中最重要的工作内容，它可以为证明修复效果提供了令人信服的证据。建议在基准库存调查过程中就设立摄影点，如在整个项目场地系统地分布多个长期摄影点，可以用地理信息系统（GIS）定位这些摄影点，并为其编号。

照片拍摄工作不能只停留在基准库存调查阶段，此后照片拍摄工作应该至少每年进行一次。摄影师每次可以拍摄 6～8 张照片，这样可以用于形成 360°全景照片。此外，摄影师还可以拍摄一些特写照片、距离拍摄物一定距离的照片和广角镜头照片。数字照片将自动记录拍摄时间（年、月、日），这是必不可少的信息。摄影师应考虑生态系统在不同季节下的状态，如阔叶落叶林在落叶前后的状态，湿地中水位的变化情况。照片要记录一些动植物，特别是那些对生态系统的恢复起重要作用的动植物。照片也要记录一些非生物环境状况，如土坑能清晰地呈现出土壤分层状况和土壤的颜色。

项目总监必须确保涉及照片的所有信息都被准确无误地记录下来，包括照片的拍摄日期、拍摄地点以及拍摄方位等，这些照片和照片信息可以通过专业软件被数字化存档下来，以便可以轻松地把这些照片和照片信息复制到报告和幻灯片上。为了以防万一，所有的资料都要被数字化存档下来，并至少保存两份。

对基准库存的描述应足够详细，这样可以为制定实施计划提供足够多的资料，在修复工作的后期，也可以把这些描述和现场情况进行对比来评价修复效果。数据表可以记录一些照片无法记录的信息。其他数据可以编入附录中。

关于物种组成方面的描述，基准库存报告应记录有哪些物种已经存在，这些物种不需要被引入；有哪些物种会对生态系统造成不利影响，这些物种需要被清除或控制。针对陆地生态系统（如湿地生态系统），规划人员会对其中的维管植物（乔木、灌木、药草、牧草、藤本植物、蕨类植物）特别感兴趣。针对水生生态系统，规划人员会对根系发达的海草、大型藻类（海藻）、珊瑚、软体动物和其他底栖动物（固着于或埋没于基底中的动物）特别感兴趣。基准库存报告应说明生物群落的一些特征，如群落的结构、物种多度和生活型多样性，特别是说明哪些物种更普遍存在和更具代表性。所有潜在的入侵物种都需要被记录下来。基准库存报告也应说明普遍存在的杂草种（存在于开阔的项目场地内的杂草和其他短生命周期物种）和一些短期干扰因素，这样一来，真正长期存在于生态系统中的代表性物种和干扰因素就一目了然。

也应注意调查各种动物，特别是代表性动物。可以采取直接观察的方法，也可以采取间接观察的方法，如识别动物的叫声、寻找动物的巢穴、模仿动物的叫声从而吸引动物并追踪调查等。针对出现在《世界自然保护联盟濒危物种红色名录》中的物种和其他的稀有物种和濒危物种，需要开展特别的搜寻行动，针对那些需要引入的动物，更需要开展特别的搜寻行动。如果存在一些特有的动物，要及时记录下来。

附生植物和孢子植物（不包括蕨类植物）可自发地散布和繁殖，包括苔藓植物（藓纲和苔纲）、地衣和藻类植物。尽管土壤中的生物群也会遭到破坏，但是土壤中的生物群一定程度上可以自发恢复并存在下去，除非是土壤受到严重污染或长期处在恶劣的环境条件下，如湿地缺水和高地被淹没。在水生系统中，水生生物也需要被引入项目场地内，包括鱼类、其他位于水体中上层的生物、浮游生物和其他生物，其他生物可以是能自由移动的幼虫或随水流动的孢子。

规划人员需要了解非生物环境要修复到什么样的程度，一些生物才能生存下去。在项目进行过程中，一些问题需要得到解决，如土壤板结和土壤有机质流失，改变场地排水条件可以改变潜水位等。为了做好规划，任何阻碍能量正常流动、阻碍与周围景观进行生物和物质交换的障碍都应被记录下来。周围景观中的土地利用情况和未来的发展规划等，可能会影响到生态功能恢复的因素，也需要引起注意。

第十五章 参考模型

项目规划需要一个参考，参考可以描述受损的生态系统要恢复到什么样的状态。理想情况下，参考由一个或多个完整的生态系统构成，可以作为规划生态修复项目的依据。需要被修复的生态系统在受损前的状况和参考生态系统的状况类似（图 15.1）。因此，被修复的生态系统将在生物多样性、非生物环境条件以及与周边景观的相互作用等方面与参考生态系统相似。

图 15.1 生态修复项目及其参考生态系统示意图（据安德鲁·克莱尔）

左图：智利瓦尔迪维亚省附近的桉树林，桉树林几乎被砍伐一空，现在人们在此地开展修复工作并种植本地假山毛榉；右图：这个生态修复项目的参考生态系统

在没有合适的参考区域的情况下可以寻找一些间接的资料。虽然间接的资料不够完整，但它们依然可以被用于编写项目规划（Aronson et al.，1995；Egan and Howell，2001）。不同时期的航拍图特别有用，可以从谷歌地球等网站上获得这些图片。其他的图片可能来自于人们对未受损时的生态系统的记录资料。博物馆中的风景画有时也能展现出相当多的植物种类，这些植物可能已经不复存在。记录当地历史的日志和书籍也是重要的资料。土地测量师会留存一些日志，这些日志

可能记录了当地的许多植物。记录当地地理的旧书籍可以提供丰富的信息。对当地植物开展调查的过程中通常也需了解植物生存所需的环境条件。标本室和博物馆的标本说明，不仅记录了某一物种的基本信息和采集点，有时还记录了与其一起生长的其他物种。

树的年轮也是一种间接的证据，它能揭示以前发生过的干旱和火灾。有时能幸运地在洞穴中找到存在已久的巢穴，巢穴包含的一些植物种子和植物片段也可以被鉴别出来。长期存在于酸性沼泽和湖泊沉积物中的花粉可以被鉴别出来，有时还可以通过显微镜观察到一些植物花粉。存在于潮湿土壤或沉积物中的木材和其他木质碎屑可以被挖出，并被鉴别出来，甚至还可以得知一些早已不复存在的环境条件。有时虽然从间接的证据中只能找出少数植物，但熟悉该地区自然史的生态学家往往能通过它们判断出原来有哪些植物群落，并推断出植物群落中的植物组成。这些被推断出的信息有助于制定项目实施计划。

如果有合适的参考区域，这些间接的证据可作为补充信息，特别是不同时期的航拍图和介绍当地植物和地理的出版物，这些补充信息不仅有助于验证选择的参考区域是否合适，还可以提供某些不容易在项目现场获得的信息，如在何时可以收集到所需植物的种子。

项目总监负责筹备或监督关于参考的报告的编写工作，这项工作通常由专门的人员完成。报告汇总了参考区域的各种情况和一些容易获得的间接信息。如果参考区域曾经被调查过，那么对调查结果的概述也要包括在这份报告中。报告的内容和详细程度取决于项目规划人员的需求。项目总监需要对可用的参考信息的质量进行评估，特别是那些只能通过对当地自然历史进行经验判断而获得的信息。

如果生态系统在受损之前就被全面调查过，或受损的生态系统中有一部分没有受损的区域，那么参考信息可以从原来的调查结果和生态系统中未受损的区域获得（第二十五章的案例十二）。此外，附近的具有相似生物多样性和非生物环境条件的生态系统也可以作为参考（White and Walker，1997）。对一个受损的生态系统进行调查可能只能了解其中的一部分物种，但这部分物种是这个生态系统中的代表性物种，并在受损的生态系统中广泛分布。建议多选几个参考生态系统并进行调查，至少确定其中的植物种类组成。通过这种方式可以构建出区域物种库。如第六章所述，通常情况下，区域物种库的物种可以被引入项目场地内。虽然它们可能是冗余物种，但它们的存在可以增强生态系统的弹性，这样生态系统能在一定程度上抵御胁迫或干扰（McDonald，2000；Rosenfeld，2002）。对于许多项目来说，由于预算有限、日程安排受限、组织工作的局限性、没有合适的生态系统可以作为参考等原因，可能无法充分地收集参考信息。然而，如果可以调查多个参考区域，就一定可以从中获益并更有助于开展生态修复项目。

对参考的描述不需要面面俱到，描述只需提供有助于制定项目实施计划的信息。如果损害只涉及生态系统中的水文过程，而没有涉及生物群落，则对参考的描述应集中在参考中的水文过程，并且可以在很大程度上忽略对参考中生物群落的描述。如果损害只涉及生态系统中的生物群落，那么只需描述参考中的生物群落。如果损害涉及整个生态系统的方方面面，如采矿行为会造成整个生态系统受损，那么要描述参考生态系统中的方方面面，包括物种组成，群落结构，土壤、水文等非生物环境条件，存在的胁迫因子，与周围景观发生的物质和生物的流动和交换。

参考信息可以整合到一起，以便规划人员制定项目实施计划。参考信息整合到一起后就形成了“参考模型”。在整合的过程中，没有必要遵循特定的形式。针对一些项目，参考模型可能包含对附录内容的索引和一些数字化文档资料。一些生态修复项目面对的是受损严重的生态系统，这类项目比较复杂，最好有一份叙述详细、可用于出版的报告。参考模型中的首要内容是用于描述生物多样性的物种目录。其他的内容包括入侵物种、已灭绝的物种、群落结构、环境条件、存在的胁迫因子以及景观之间的相互作用。

生态修复项目需要清楚恢复中的生态系统需要有哪些植物，因此需要一份植物清单。这份清单应说明植物生活型特征和植物所在群落的特征。特别需要注意的是，需要特别区分出杂草种和那些能表征生态系统发展到更成熟阶段的物种。另一份清单需列出生态系统不需要的物种，特别是已经存在的入侵物种和潜在的入侵物种，这些物种需要被控制或根除。这份清单也应尽可能列出项目场地边界外的物种和对生态系统恢复构成威胁的物种。

过度捕获或捕捞有经济价值的动物或鱼类，会导致这些物种从区域中完全消失。在调查基准库存时，因为有些物种已经灭绝，所以无法获取这些物种的信息，但它们可能是参考模型中不可或缺的一部分。可以从历史记录中或从相隔一定距离、但状况相似的生态系统中获得这些物种的信息。一些植物正面临灭绝的危险。例如，一些有经济价值的树被过度砍伐，以至于没有足够的种子使其自然再生。然而其他经济价值低、但繁殖能力强的物种占据了这些面临灭绝危险的物种原先占据的空间。在准备参考模型的期间，应考虑这种可能性，所以要收集历史数据，以调查出这些可能是生态系统需要的、但是已经灭绝的物种。

许多生态系统中的群落结构不容易被描述，因为随着生态系统不断发展，或因为抵御胁迫和干扰，群落结构在不断变化。对植物群落的描述要着重考虑植物群落的成层现象。例如，许多森林的顶层是高大树木的树冠，中间层由较小的树木组成，再往下就是灌木层和草本层。每一层的优势植物具有不同的特征。另外一些重要的指标是物种的分布和物种多度，这些指标用于确定哪些物种是常见的、分布均匀的，或哪些物种是稀有的、分布不均匀的。参考模型一般只考虑生物群落的结构特征，其他的特征很少被考虑进来。不同地点之间存在很大的差异性，同一地点在不同时间下也存在很大的差异性，这些差异性要引起足够的重视。

非生物环境的状况也应被记录下来，以便在项目实施计划中纳入相关协议，确保项目现场的环境条件能支持所需生物的生存。针对陆地生态系统，水文循环是最主要的因素，其次是土壤；针对海洋生态系统，盐度是最主要的因素。生态修复项目需要考虑与其密切相关的因素。因此，在参考区域和项目场地内开展基准库存调查是十分有必要的。调查的重点是参考区域和项目场地之间存在显著差异的环境条件。

正常情况下，胁迫因子是保持生态系统稳定并阻止外来物种生存的要素之一。胁迫因子的例子包括，水位季节性升高导致湿地被淹没；生态系统中火的发生频率；河口中盐度的变化等。对于生态系统来说，火是一种相当常见的胁迫因子。火在许多生态系统中发挥着很强的调节作用，并被全世界的生态学家作为管理森林的一种方法。偶尔发生的低强度火可以提高生态系统的生产力、弹性和稳定性。火在维护森林生物多样性、促使林下植物开花结果、促进种子萌发和植物繁殖等方面发挥着重要的作用。低强度的林火可以促进森林的更新。有计划的放火可以控制害虫。但高强度的林火通常会烧毁森林、摧毁种子库。合理地用火有利于生态系统的发展，但只有使用得当才能达到目的。

要确定各种胁迫因子，并将其纳入参考模型中，不仅有利于项目规划人员的修复工作，而且有利于在项目完成后制定生态系统管理计划。许多情况下，如果没有按照管理协议中的规定长期坚持做下去，恢复后的生态系统可能会再次退化。在完全自然的景观中，不需要对生态系统长期管理。大多数景观会因土地利用方式的改变而受到影响，存在的胁迫因子往往也会因景观改变而受到影响。因此，对参考区域的调查应尽可能扩展到项目场地以外的区域，以评估胁迫因子对生态功能的潜在影响。

地球上几乎所有的自然区域都会受到人类活动的干扰，要尽量避免这些干扰影响到参考区域。在修复受损的生态系统期间，模拟人类活动造成的干扰是没有任何意义的。对于生态学家来说，这种行为是不可取的。政府经常要求把生态系统的状况恢复到某一个特定历史时期，但那个时期的生态系统可能已经在退化了。换句话说，只要求让生态系统恢复到一定程度就行了，而不是让生态系统完全恢复。在定期审查此类规定时，政府工作人员应提出修改此类规定的意见，并将规定改为：要让生态系统的功能和自组织性完全恢复。

生态学家精心设计出来的参考模型，有时也无法完全让他们自己满意。因为获得的数据存在误差，在设计模型的过程中也存在各种限制。对这种差距感到烦躁不安是没有必要的。相反，应该为能收集到这些稀缺的参考信息感到庆幸。这些数据应当被充分利用，并去填补对当地自然历史的认识空白。设计参考模型的人应描述他们是如何利用参考信息的，模型存在哪些缺点以及他们为什么不能避免这些缺点。这些信息将有助于评估项目和制定相关政策。只要项目人员认真、系统地收集相关参考信息，就没有任何生态修复项目因缺乏参考信息而受到指责。另外，基于不完整的记录而设计的参考模型往往无法重建历史生态轨迹。

第三部分 生态修复项目实施

第三部分着重叙述生态修复项目实施过程中需要注意的事项。在项目实施的初期，委托方和项目负责人的工作要从项目准备迅速地转到项目实施。项目总监负责项目实施计划的制定和执行，以确保项目获得最好的结果。委托方和项目负责人要大力支持项目总监，尤其是给予其资金支持。

第十六章将介绍项目的实施计划，主要由三个部分组成：第一是选择修复措施，由项目总监决定整个项目的修复措施；第二是准备具体实施方案，将设计理念转变为切实可行的生态修复任务；第三是确定短期目标并将其作为执行标准，执行标准也被称为成功标准。当项目达到成功标准时，就意味着生态系统已恢复自组织性，现场工作也可以结束了。

第十七章将介绍动植物的采购工作，需要从参考中选出适应项目场地环境、可继续繁殖的物种。第十八章将讨论项目管理，并强调了项目经理的关键作用，如确保项目支出在预算范围内，确保各项任务按照计划顺利进行。贯彻落实各项任务仅仅依靠技术是不够的，协调好各项任务和做好后勤保障也是十分重要的，但可能是十分烦琐的工作。项目总监委托项目经理安排、协调日常工作以及对突发事件做出迅速反应。

项目总监负责监督、监测修复工作并评估监测数据，以判断是否达到生态修复的成功标准（第十九章）。在各项指标满足标准后，原定的各项任务就可以结束了。项目开展期间，要经常检查项目场地，以确定是否需要变更某些工作内容。后期维护工作要一直持续下去，一直到被修复的生态系统不再需要项目人员的协助，也能独立地发展下去。举一个医学中的例子来做类比，对被修复的生态系统进行维护就等同于病人在手术后要调养一段时间以防止疾病复发。各项工作完成后，项目经理需要采用正式文件公布项目竣工信息，并由联络人员公布在媒体上（第二十章）。针对被修复的生态系统的管理计划需要在项目总监的指导下编制的。

第十六章　项目设计策略与规划

基准库存和参考模型被确定好后，项目总监就要开始考虑项目设计。“设计”通常是指描绘出想要建造出的东西的特征，如一栋建筑或一座桥梁。与建筑物结构受限于设计图纸不同的是，生态系统自身不会拘束于规划设计。项目人员的工作是协助生态系统，并确保现场条件良好以及所需的动植物能出现在场地内或可以自发地进入场地内。这个过程不像园艺，园艺中的每种植物都被播种到指定的地方。然而修复设计只是确保每个物种的数量足够，并确保其能生长、繁殖，与同种物种相互交流以及与环境相互作用，进而使生态系统恢复弹性。

在项目设计阶段，项目总监会考虑很多问题，这些问题的关注点是工作过程而不是工作所取得的结果，这些问题包括：修复措施是否会对环境造成破坏？使用机械设备压实土壤是否会破坏环境？生态系统需要的但已不存在的物种何时会重新出现在项目场地内？修复项目的工期是否可以延长，进而项目人员只需用最简单的修复措施就能使生态系统恢复？反之，如果生态修复项目因为一些迫不得已的原因而必须被迅速完成，那么应该如何尽快开展准备工作和种植苗木？要迅速完成项目的一个原因是降低洪水或泥石流等潜在危害的风险，其他原因可能包括无法保证长期资金来源以及相关法规要求尽快完成项目等。

项目总监还要做的工作是重新评估并制定新的生态修复目标。随着不断深入了解生态系统的受损程度、参考区域的状况和利益相关方的担忧，一些原先制定的目标可能不再合理或无法实现，这类目标应被删除或修改；一些最初没有被考虑到的目标可能会浮现出来，并值得被列入目标清单中。项目总监应与委托方一起重新评估并制定新的目标清单。目标清单中的某一项发生改变都会影响到修复措施的选择。

在项目开展前需要对一些关键影响因素进行监测，所以一些项目可能会有延期进行修复措施的选择。一般来说，针对湿地和其他水生生态系统，要考虑影响其水文过程和水质的因素，受损严重的生态系统更要考虑这些因素。可能需要进行水量平衡计算，从而得出水在一年中的流入和流出情况。可以通过水位标尺和浅井中地下水水位高度的变化确定地表水的季节性变化情况。需要测出水体和水体沉积物中有毒污染物的含量，以确定它们是否会影响项目取得成功或引发公共卫生风险。在政府批准项目开展之前就需要进行此类监测。即使这些监测事先没有被要求，它们也可能是执行标准中的重要内容。

修复策略

修复策略可以人工措施为主，注重技术修复，也可以自然恢复为主，注重发挥生态系统的自我恢复能力。后者更多地依赖于被称为“自我设计”的自然过程（Mitsch，2014）。技术解决方案更具前瞻性，更能保证工程质量（Aronson et al.，2016）。修复策略是多种方法的组合，这些方法大多来自农学、园艺学、林学、野生动植物管理学、牧场管理学和渔业生物学等学科。没有两个生态修复项目是完全一样的，所以每个生态修复项目的设计方案和执行方式需“量体裁衣”。

许多生态修复项目采取的策略侧重于技术措施。技术措施可能包括使用拖拉机和其他机械化设备来重塑土地，填埋洞坑，清除不需要的植物和废弃物，甚至完全去除被污染物污染或过量施用肥料的表层土壤。其他技术措施可能包括在大的区域内使用石灰、有机覆盖物、除草剂和其他农用化学品，以及广泛种植苗木或其他植物。相对于非技术措施，技术措施通常耗费时间短，而且对其结果的预测较为准确。采取大量技术措施的项目给人的感觉是其经过系统筹划过，比如种植方法就是用符合要求的间隔种植方法。正是因为这类项目按照计划行事，所以这类项目通常很容易被监督。如果有分包商参与，那么确定他们的做法是否符合合同规定也是相对容易的。政府部门也很容易确定这类项目在开展过程中是否遵守相关规定和法律要求。

虽然这类以人工措施和技术修复为主导的项目可能看起来更简单易行，也更容易检查项目是否按照计划进行，但生态学家和自然保护者认为这种修复策略不够“自然”。如果以发挥生态系统自我恢复能力为主，修复后的生态系统中的植物密度、植物体型大小和物种分布会存在很大差异。对于这种修复策略，在项目开展的初期，生态系统可能看起来灌木丛生，显得凌乱，但会逐渐发展出复杂而独特的植物群落，这有利于增加生境差异性和恢复生态弹性。如果以技术措施为主，修复后的生态系统中的植物群落相对简单，并且这种情况可能会持续数十年之久。项目总监应更偏向于恢复复杂而独特的植物群落。

“协助自然更新”是一种常见且特别可取的策略。这一策略侧重于协助生态系统充分发挥自我恢复能力，而不是把各种技术措施强加给生态系统。如果要采取技术措施，也仅限于局部区域。协助自然更新是尽可能依赖自然过程，并根据需要辅以技术措施（Shono et al.，2007）。协助自然更新的策略不适合受损严重的生态系统，它们必须依赖技术措施才能恢复。要重申的是，每个项目场地都是独一无二的，项目总监必须根据现场情况决定修复策略。

另一种修复策略是把一个大的项目场地划分为不同的区域，然后根据安排在不同阶段和不同区域开展修复工作。在资金或所需的生物数量有限的情况下，就要优先考虑这种策略。如果采取这种策略，刚开始时项目场地应设立在未受干扰的自然区域的附近，然后逐渐向外进行后续修复工作。这种策略有利于植物种子自发地从未受干扰的自然区域散播到项目场地，然后又继续向外散播。这种策略还有利于充分利用未受干扰的自然区域创造的小气候，然后又继续向外发展。这种策略也有利于在未受干扰的自然区域内生存的动物逐渐向外迁徙。动物迁徙繁衍对种子散播、植物授粉和其他重要的生态过程至关重要。

还有一个偶尔使用的修复策略，被称为"被动修复"。尽管经常说协助生态系统恢复始终是人类有意的行为。但在被动修复策略中，动植物、土壤、水文和其他环境因素都不是人为进行调控。项目人员只是消除导致生态系统受损的因素，而不是调控场地内的环境。然后，所需物种会在没有项目人员的帮助下，在场地内生息繁衍。在采取这种策略时，有些场地准备工作可能是必要的，如安装围栏和清除垃圾。自发的自然恢复在有人工措施辅助的情况下可以被认为是修复，见第二十五章案例九。如果前期没有项目人员的辅助工作，即便生态系统在逐渐恢复，这个过程也不可能被称为生态修复，而仅仅属于自然恢复。相对于其他修复策略，被动修复能减少项目支出，但会延长所需的时间。

准备项目实施计划

实施计划要简要描述和说明拟完成的任务，以指导相关工作。项目规划人员在项目总监的指导下和其他项目人员的技术支持下制定实施方案。项目总监会跟规划人员详细讨论相关事宜，特别是修复策略。规划人员的工作是将项目总监的设想变成切实可行的任务，现场作业人员在项目经理的指导下完成任务。在许多生态修复项目中，当生态系统的自组织性开始恢复，那么就可以提早结束现场的工作，这在修复陆地生态系统中时常发生。在这些生态修复项目中，实施计划实际上是在恢复生态系统自组织性。

根据基准库存的调查结果，实施计划可能还涉及现场准备工作，引入和培育所需的物种，有时还要在周边开展一些工作。现场准备工作可能涉及对环境的修整或清除不利于生态系统恢复的影响因素。项目场地外的工作可能包括：清除具有不利影响的物种、调控地表径流、减少土壤侵蚀、定期放火、增加生物所需的食物资源和保护野生物种等。

生态修复的计划实施包括很多任务。如果您参与的是矿山的森林生态修复项目，采矿活动导致这片森林受损严重，矿坑又被由土壤和母质组成的覆盖层填埋。矿区周围有用于快速排除雨水以防止在采矿期间发生洪涝灾害的沟渠。您的首要任务就是尽早对现场环境进行修整，这样引入苗木和其他生物才能有适宜的生存条件。还必须确保，地形坡度与周边一致，水文过程得到恢复，土壤侵蚀受到控制，土壤水分有利于树木的生长，以及土壤条件得到改善。总之，必须重整现场环境。

还需要尽早安排人员填埋场地内的沟渠，以恢复地表水和地下水的流入与流出，这样做是为了恢复原有的水文过程。填埋沟渠也能恢复动物进出森林的路径。接下来要做的是安排人员重整地形以恢复原有的地形特征。人工开垦导致地形不规整。地形不规整的地方是最早发生土壤侵蚀的地方。此外，可能还要确保土壤是疏松而不是板结的。疏松的土壤有利于水分下渗和植物根系生长。有时需要安排人员临时种上能快速生长的草和豆类植物，以减缓土壤侵蚀并增加矿质土壤中有机质和氮元素的含量。同时，这些植物能抢占生存空间，从而防止外来物种在树木长成之前入侵到项目场地内。

在开展这些工作之前，必须简明扼要地列出具体的工作安排，并由项目经理负责监督各项工作的进展情况。工作清单上最好附上一张或多张地图，以告诉项目人员每项工作在哪个地方开展和提示工作进行的先后顺序。要说明具体的环境修整措施。因此，您需要计算所需材料的数量，确定项目场地的高程和坡度、沟渠的深度、区域面积和其他参数。您可能需要工程师或水文学家的协助来开展相关工作，并可能需要用图纸描绘各种细节。

为了填埋沟渠，您需要确认放置填埋材料的位置以及运输填埋材料所需要的设备。您需要详细说明使用的材料类型，如石头、砾石、沙子或黏土等。需要说明使用到的填埋设备，这些装备将用于压实填埋材料，并将填埋材料堆填到地面沉降区。还需要准备好带有等高线的项目场地地形图，并详细说明修整土地所需要的人力和设备。如果场地的土壤板结非常严重，需要安排松土机或其他设备来疏松土壤。如果土壤 pH 太低，需要合理使用石灰来改善土壤酸碱度。如果土壤中缺乏有机质，需要根据实际情况安排人员施肥，可能还需要与项目总监和项目经理商量如何获得肥料以及预算多少等。需要明确每年要种植多少草和豆科植物作为临时的地表覆盖物，还需要计算不同植物种子的使用量。

一旦所有的工作在实施计划里都有详细的描述，就需要把注意力转移到如何引入苗木。当这些苗木从苗圃园运来后，要清楚苗木的种类、数量、体型大小和生长条件。这时需要用一张图纸显示这些苗木要种在哪、种多少；需要确定何时需要施肥和施肥量；需要设计灌溉这些新种植的苗木的灌溉系统，包括水泵、管道、喷嘴和计时器等；需要说明这些树苗是否要被标记，以便监测它们的生长情况；需要确定是否应在苗木周围设立围栏以及用什么样的材料设立围栏，以防放牧活动破坏苗木。这就是实施计划中的一些具体案例。

在生态修复项目中使用的许多技术会借鉴使用传统学科的知识，如园艺学和农学。把管理野生动物的办法用于协助恢复受损的生态系统中原有的动物（Morrison，2010）。借鉴林业中的一些方法用于修复森林生态系统（Lamb and Gilmour，2003；Lamb et al.，2005）。

项目经理需要准确确定拟完成的计划（Rieger et al.，2014）。这些计划应切实可行，以便项目经理安排工作、采购设备-材料、雇用人员、分配任务。这些计划中的细节反映了生态修复项目的复杂程度、使用的技术方法以及监督项目的政府部门期望的结果。在更大和更复杂的生态修复项目中，实施计划可能包含许多详细的地图和计算机辅助设计图纸，并附有详细的文字说明。在仅由少数经验丰富的人执行的小型生态修复项目中，实施计划可能只包括由航拍图制成的地图和一些注释。这种情况下，项目人员直接进行交流后就足以写出具体工作安排了。

每个项目场地内的情况都十分复杂。例如，一个场地内可能地形多变，受损程度不一致，存在水分梯度、土壤类型不一致。这种情况下，项目总监需要用描述项目场地的图纸划分出条件相似的区域。更好的方式是，图纸在调查完基准库存后就立即完成，尽管要进一步细化图纸才能用于项目规划。在一些项目中，一个相对粗糙的草图也是可以的。在其他项目中，特别是使用技术修复的项目，这张图要用计算机生成，这样可以准确地体现出每块区域和相应的面积。项目规划人员制定了每个区域的修复方案。条件相似的区域可以用相同的修复方案，条件不同的区域要用不同的修复方案。

执行标准

《关于生态恢复的入门介绍》中提到：如果一个生态系统的原有生态特征已经出现，或在没有进一步协助措施的情况下即将出现在第六章开始和表 6.1 描述的九项生态特征，那么这个生态系统正在恢复。项目人员需要在调查基准库存期间确定生态系统的受损程度，以制定恢复这九项生态特征的方案。项目人员可以用参考模型的相关信息来判断生态系统是否完全恢复，参考模型也可以作为了解受损的生态系统原有的生物多样性和生态系统功能的有效工具（SER，2004）。

执行标准是用于衡量生态系统恢复程度的依据。如果生态系统完全恢复，那么生态恢复（即完全恢复）就实现了。完全恢复意味着受损的生态系统已经恢复了自组织能力和自我调节能力。如果对比参考模型，只有部分生态特征得到恢复，那么生态系统的恢复程度较低。附录 1 列出了河流渐进式生态修复的执行标准，可用于判断任何受损的河流生态系统的恢复程度。

国际生态恢复学会（SER）最近发布了标准的最新修订版（McDonald et al.，2016），标准增加了对修复的原则和价值的阐述，以及对相关问题的讨论。我们毫无保留地认同这份文件，并在此标准基础上发布了附录 1 对于河流渐进式生态修复的导则。此外，本书的许多地方都能体现出这份最新标准文件中的内容，标准文件对完全修复和部分修复之间的阐述更详尽，想要获得更多信息可以翻阅标准文件中的内容。

短期目标

短期目标（又称成功标准）可以作为判断项目现场工作完成情况的依据，这部分内容已在第十三章提到。这些短期目标在项目现场工作开始之前就确定好了，这是项目要完成的任务。在许多项目中，生态系统完全恢复到参考模型所描述状态可能需要几十年甚至几个世纪的时间，特别是森林生态系统。完成短期目标是为了逐步实现生态系统完全恢复的长期目标。短期目标应包括确保生态系统有足够的生物和非生物资源，从而保证生态系统在没有人工协助措施的情况下还能继续发展和逐渐恢复自组织性。短期目标达到后，项目现场工作就可以结束了。

制定短期目标前要了解参考模型描述的具体生态特征。这些生态特征包括：生物多样性，如特定物种的分布和数量；非生物环境，如土壤和水分；以及生态功能，如水文过程、盐度状况、火烧频率以及与周围自然景观的物质交换和能量流动等。专栏 16.1 列出了修复一个受损森林生态系统要达到的短期目标。短期目标不涉及没有损害的生态特征。例如，如果只是植被受损，制定的短期目标不用涉及土壤。

专栏 16.1　修复受损的森林要达到的短期目标

如果一个森林遭受到破坏，合理的短期目标包括：

• 森林覆盖率至少达到 40%，并且出现存在于参考区域中的物种；

• 每公顷土地上要至少有 700 棵高度超过 2 m 的树；

• 要出现存在于参考区域内的所有种类的乔木，而且每种树种至少要有 10 棵高度超过 2 m 的树；

• 至少有 50%的存在于参考区域内的灌木出现在项目场地内，所有存在于参考区域内的草本植物要全部出现在项目场地内；

• 如果项目场地内出现了入侵物种，则每年都需要进行清除；

• 土壤中有机质的含量逐年增加；

• 至少有 20 种存在于参考区域内的脊椎动物中出现在项目场地内。

理想情况下，项目总监在项目进行规划前就要确定短期目标，以便能合理地制定项目的实施计划。项目总监要制定监测方案，从而可以根据每次的监测数据判断目标的完成程度。例如，可以选择一条横穿项目场地的路径旁的树木作为监测对象，测量这些树的高度。连续的监测数据将体现每一项执行标准的完成程度，直到所有的执行标准都满足。另外，项目总监还要确定如何描述监测数据，如可以算出某种树的平均高度和高度的变化范围。如果要做显著性检验，那么还要选定统计方法。

政府可能会要求生态修复项目要达到某些短期目标或开展某些监测活动。有时这些要求旨在防止破坏自然资源，而与生态修复项目毫无关联。这种情况下，项目总监应该毫不犹豫地与政府进行协商，以免承担不必要的监管工作。相反，政府应意识到生态修复项目带来的好处，并对生态修复项目采取不同于传统的土地利用项目的管理方式。

如前所述，每个生态修复项目都是独一无二的。项目总监会对不同的生态修复项目制定不同的短期目标。例如，一棵高达 1.5 m 的树在合适的环境条件下生长良好，一棵高达 3.0 m 的树虽然会受到不利环境因素的影响，但也可能像 1.5 m 的那棵树一样生长良好。就两个不同的项目场地而言，以某一高度为测量标准，两个项目场地内这一高度的树的数量肯定不同。短期目标要合理。短期目标必须足够严谨才能确保生态系统能恢复自组织性。如果受损的生态系统中出现了所需生物，并且破坏生态系统的因素已被消除，那么生态系统能发挥出明显的自我更新能力。考虑到后勤工作和预算，监测工作要快速和简单易行，要能通过监测数据判断短期目标的实现情况。

短期目标、监测方案和监测数据分析方法都需要在项目实施前就应确定下来。如果在修复工作结束后再确定成功标准和监测方案，结果就可能只会体现出项目做得好的地方，监测的客观性无法得以保证。

生态系统内的环境是否适宜体现在其所需的动植物能否在环境中生存下来。所需植物生长茂盛可以作为监测环境状况的一种指标。因此，特别是在陆地生态系统中可以不用过于强调监测环境状况。但在水生态系统中，可能需要认真监测环境状况，以便分析出要做出哪些调整，从而确保水生生态系统能够恢复。

如果把某一项目的成功标准作为其他所有项目的判断标准是不切实际的。如果某一项目的成功标准成了统一的标准，项目人员就会用这一标准判断随后开展的生态修复项目的完成情况。然而，这一标准可能并不适用于其他的生态修复项目，这一标准的有效性也尚未得到认可。标准化的判断方法，可能会导致生态修复项目的结果不理想，有时甚至导致生态修复项目失败。项目总监和负责审批的政府工作人员需要为每个生态修复项目协商出双方都可以接受的具体成功标准。

第十七章 生物库存

在许多生态修复项目中，必须有意地引入一些生物库存，以补充生态系统所需的动植物。生物库存属于参考清单中确认的物种，但基准库存调查结果显示这些物种在当前生态系统中缺失或数量很少，并且也不可能自发地繁衍生息。生物库存通常包括植物幼苗、树木插条、植物种子和草本植物根茎。出圃的苗木被种植到项目场地内，种子或其他繁殖体不需事先在苗圃园中培育就可以直接种植到项目场地内。有时为了促进植物群落结构的发展，有些植物的需求量较大。例如，可能必须在广阔的地区内需要大量种植树木，才能确保该区域迅速发展成森林。其他生物的库存量不需要太多，确保在项目现场出现就行。

在许多项目场地附近都没有商业性的苗圃园，项目人员除了自己种植以外别无选择。项目人员通常熟悉如何收集种子和在温室中培育植物；然而对于大型生态修复项目来说，这些任务由园艺师来做会更有效率和更专业。苗圃园可以设立在项目场地内或项目场地附近。另外，当地农民可以在园艺师的指导下培育植物。培育区域可能是在开阔的田野里，在遮阳布下面，或在塑料大棚内，这取决于植物所需的生长条件和项目场地的气候条件。选择在空旷的区域设立培育区域，就必须设立围栏、清除竞争力强的杂草并根据需要进行灌溉。要慎重地使用除草剂清除杂草，以确保苗圃园中的植物不会受到除草剂的影响。杂草可以用机械或人工的方式清除。只要土壤温度及含水量对所需植物的生长有利，可将黑色塑料薄膜或其他不透明材料铺设在土壤上，这样可以杀死杂草或抑制杂草生长。

收集种子

一旦知道所需的苗木和植物种子的需求量，就应安排订购；如果所需的苗木和植物种子的需求量并不准确，那么最好早日做出估计，并根据预估量安排订购。如果这项工作进展缓慢，那么项目周期可能会延长一整年。从自然植物种群中收集植物种子需要知道这种植物的生长周期和其生长的地方，通常用油布或网状布料收集种子。一些植物的种子可能只能在一年内的某几天收集到，许多树的种子可能要等几年才能收集到一次，错过收集植物种子的时机可能会导致生态修复项目工期延长一年甚至更长的时间。可以取一些植物的营养器官作为插穗繁育植物，应先用生根溶液（通常含有吲哚-3-乙酸）处理插穗，然后直接种植到项目现场，或种植到苗圃园中，以后再运到项目现场。

可以用专门的设备收集草和其他草本植物的种子，然后种在苗床中以提高种子的发芽率，在接下来的几年时间，项目人员可以在苗床中获得所需植物的种子。

收集到的植物种子中，有些必须被立即播种，有些可以在阴凉干燥的环境中保存数月之久。在保存种子之前，种子的外壳、肉质果实和肉质假种皮需要被去除掉。种子要保存在通风条件良好的容器中，这样可以防止发霉，从而保证存活率。可以用纸袋和布袋装种子；不要用塑料袋、玻璃容器或金属容器，因为它们可以保留水分，易于滋生霉菌。有些种子在发芽之前要经过低温处理，有些种子需要用机械处理或在酸性溶剂或热水中浸泡。在播种之前，应计算种子的发芽率，称取一定重量的种子，并将它们放在湿纸巾上或泥土中，放置数天，直到观察到没有种子发芽。按单位重量计算种子的发芽率可以确定实际情况下种子的需求量。

培育植物

可以用容器苗或裸根苗培育出苗木（图 17.1）。如图 17.2 所示，在移栽植物之前，要连同植物根系周围的泥土一起挖出，这样做才能提高植物的存活率。塑料壶、塑料袋和聚苯乙烯泡沫板等都可以作为育苗容器，用土壤装填容器，幼苗在容器中生长一段时间后，其根系会与土壤结合在一起，像一个“塞子”。移栽时，每株苗和其生长的容器要一起转移。幼苗的根系很容易受损，出圃后也不容易存活下来，所以要等幼苗长到一定程度后才能进行移栽，这样可以尽量减少幼苗受损的概率和保证苗木的供应。也不能等到植物根系已经发达的时候才进行移栽，

图 17.1 位于厄瓜多尔的一个项目场地内的苗圃园（据安德鲁 • 克莱尔）

图 17.2 一位来自朝鲜的项目经理在苗木被送到项目场地种植前用湿土处理根系（据刘俊国）

这样无法保证苗圃园中的其他幼苗在干旱时能获得充足的水。出于这些原因，从商业苗圃园采购质量不合格的苗木是有风险的。不管是签订合同购买苗木还是项目中有专人负责培育苗木，都要严格把控苗木的质量。

苗圃园为苗木生长创造了适宜的条件，所以苗木在移栽到项目场前要进行一定的处理。例如，在苗圃园中，红树植物的幼苗生长在淡水环境中，所以在出圃之前会把这些幼苗浸泡在盐水中，以刺激出这些幼苗的耐盐性。在培育苗木的过程中，项目总监要确保合适的施肥量，避免土壤肥力过高。肥力过高会造成出圃苗木的根系不能适应肥力较低的土壤。此外，肥力过高的土壤有利于杂草的生长。在移栽苗木的时候，要尽量小心，要避免苗木的根系受损或暴露于干燥和高温的环境中。

不断生长的裸根苗的长度可以达到几十厘米，裸根苗的根没有被泥土包裹着，所以可以把裸根苗直接移栽到项目场地内。较大的树苗有时也可以被视为裸根苗，也更容易在项目场地内存活。如果没有修剪树苗的叶子，那么也不要修剪树苗的根系，这样可以确保整株树苗暴露于空气中时也能维持体内的水分平衡。湿地草本植物也可以被视为裸根苗，可以从苗圃园或自然种群中获得，并被种植到项目场地内。

播种和表层土壤

在项目场地内播种的方式可以模仿在自然状态下种子的播种方式。一些种子有适应特定环境的基因型，从而能存活下来；而不具有这种基因型的种子很难存活下来。生长在苗圃园中的植物，虽然一些植物种子缺少适应相应环境的基因型，但苗圃园为其提供了适宜的生存条件。直接播种在项目场地内的植物种子，虽然其生存条件不如播种在苗圃园中的植物种子，但是最后它却更容易从土壤中获取水分，也更容易在干燥的土壤中存活下来。

在项目场地内播种种子，最好使用专门的播种机，否则，这些种子很容易被鸟类、老鼠和其他野生动物吃掉。许多播种在土壤表层的种子不会发芽，或者它们的幼苗无法存活下来。一棵树从种子发展到长出根系，通常需要 2 年左右的时间。这 2 年内，树苗几乎不会有太大的变化，所以很难对其进行监测。此后，树的地上部分生长相当迅速，树苗在自然条件下生长 3 年可能比在苗圃园中生长多年外形更大。

外形较大的树木也可以移植到项目场地，但通常需要付出很大的努力和耗费更多的财力。其大部分根系将会被剪掉，移植后，其地上部分在一年或更长的时间内生长缓慢，一直会持续到其发展出新的根系。在这段时间，树上的很多树叶会枯萎，也无法保证其能存活下来。在树上挂上一个装满营养液的输液袋有助于其存活下来。通常情况下，在实施计划中不应考虑移植外形较大的树。另一种非常昂贵的技术是用植物的营养组织培育出该植物的新个体，并将新个体转移到育苗器中（Koch，2007）。培育的植物对于生态修复是不可或缺的，但这种技术仅在所有其他选项均不可用时才会被考虑使用。

可以从自然区域中获得表层土壤，如进行过表层开矿等土地利用活动的区域，植物种子和砧木可以通过这种方式进入项目场地内。此方法非常适用于修复湿地生态系统，因为砧木和某些植物能在湿润的土壤中快速生根；还能引入土壤生物群，包括菌根真菌和蚯蚓。这种方法已广泛应用于湿地修复项目，用机械设备把含有整株植物的土壤运到项目场地内，耗时也短。

种源地

自然种群中有杂交植物和杂交动物，通常它们具有丰富的遗传多样性。没有两个相互独立的个体携带的基因是完全一致的，正如在拥挤的市场上找不出两个一模一样的人。人类的外表和机体功能受基因控制，其他物种也是如此，携带有优良基因片段的个体更容易繁殖并把基因传递给下一代。通过这种方式，某一种群中适应特定环境的个体数量不断增加。环境和人口数量在不断变化，适应过程就是不断适应这些变化。

同一个地方的不同物种都在适应当地的条件。同一物种的不同种群在不同地理位置适应不同的环境条件，如一座山的北坡的降雨量可能会高于南坡。同一种群中的大多数个体更适合生存在降水量大的地方，但是余下的个体可能更适合生存在降水量小的地方。如果降水量发生变化，那么遗传特性就会发生变化，未来几代就会适应新的降雨条件。

在修复工作中，需要努力引进具有适应项目现场环境的基因片段的生物种群。在项目现场生长良好的生物个体有助于生态系统快速恢复。如果把这些相同的生物种群引入一个环境条件对比鲜明的地方，它们可能无法生长，修复工作可能会失败。因此，引入项目现场的植物种子和动植物最好从当地获得。如果无法从当地获得，也应尽量从同一生物区域中获得，即与项目现场各方面条件都相似的生态系统，如地质条件、土壤条件和气候条件。在环境条件较统一的区域中，"地方"可能意味着半径为 100 km 的区域；在环境条件很不一致的区域中，"局部"可能意味着半径只有 25 m 的区域。不同的物种，活动范围不同，如由于其传粉昆虫的活动范围有限，依靠昆虫传粉的树的存在范围要比依靠风传粉的树的存在范围小得多。

物种源是指所需生物的来源地。在修复过程中，应从与项目场地环境条件相似的另一地方引入所需生物，这需要相当大的努力。引入生长在不同环境条件下的植物，存在项目场地内没有相应传粉者的风险。相应的传粉昆虫或传粉动物可能在项目现场附近不存在，这样一来，引入的植物可能无法形成种子。从不同环境条件下引入的生物在项目场地内可能缺少天敌，这样一来，这些生物可能成为入侵生物，这都不是普通的威胁。在通常情况下，很难预先知道项目现场缺少相应的传粉者和天敌。

在同一地方生长的植物可能会在不同的生境中生长。例如，某种植物的一部分生长在地势较高、较干燥的地方，另一部分生长在地势较低、较湿润的地方。这种植物的不同种群在不同的环境条件下具有不同的遗传特性，水分条件就是环境条件的一种具体体现。如果项目场地在地势较高的地区并且该地区排水条件良好，那么引入的生物应来自地势较高、土壤较干燥的地区。

项目总监将根据遗传学、物种的生存条件和自然历史判断一个物种是否属于"本地"。对于许多物种来说，物种源并不是最重要的考虑因素，尽管遗传多样性使得难以选择出最能适应现场环境条件的物种，但修复工作也可能会取得成功。基因检测是昂贵和耗时的。因此，有些风险可能是不可避免的。从物种源引入某种植物要考虑它的种子和其他种类植物的可获取性。有时别无选择，只能从其他物种源引入某种生物。理想情况下，如果是以养殖或造林为目的，那么应避免存在库存。人工育种有利于选择出具有经济价值的遗传特性，而不是选择出能适应自然条件的遗传特性。

一些生态系统将在原有环境条件彻底发生改变的情况下得到修复，如受气候变化影响的区域或在原采矿区内的生态系统。这种情况下，可以有意地引入一些生长在不同环境条件下的生物，以增加遗传多样性，从而促进自然选择过程和出现适应新环境的生态型。

近亲繁殖

不管是人类还是其他生物，只要是近亲繁殖，都会出现患有遗传疾病的个体、畸形个体或不育个体。这也是濒危物种濒临灭绝的一个重要原因。近亲繁殖会造成遗传多样性的贫乏，也会导致生物数量急剧减少，甚至导致生物不能完全适应环境条件的变化。这被遗传学家称为近亲繁殖效应。大熊猫正面临这样的状况。

为了避免个体不孕和近亲繁殖效应，应从同一物种的不同种群中获得这个物种，然后引入项目场地内。在许多具有自交不亲和机制的植物种群中，出现近亲繁殖效应的个体一般不多于 200 个。因此，种子收集人员要避免在种群个体数较少的种群中进行收集工作。要从同一物种的不同种群中获得一定数量的个体，这样可以保证在项目场地内的这个物种的遗传多样性。这种方式也适用于合理收集植物种子，从而获得性状优良的植物个体。针对草本植物，最好是找到至少 10 个种群，然后从每个种群中选择至少 10 株植物，以收集种子。

动物库存

动物很少被引入项目场地内，因为大多数动物在不断迁徙，而且分布广泛，并将在适合其生存的环境中（包括项目场地）进行繁殖。稀有动物可能是个例外，需要捕捉它，然后把它放入项目现场内；也可以先对它进行圈养，然后把它放入项目现场内。陆龟和环节动物——蚯蚓有时被项目人员放入项目场地内，它们不容易自发地进入其他环境中，但它们都属于关键种，它们的存在为其他生物的出现创造了可能性。陆龟的洞穴可以成为其他动物的栖息地；蚯蚓生活在土壤中，能疏松土壤和改良土壤。

在项目场地内为动物创造适合其生存的栖息地之后，再引入相应的动物比较好。栖息地为它们提供食物，提供躲避被捕食和极端天气的地方和提供繁衍生息的地方（Morrison，2010）。有时需要尝试进一步改善动物的栖息地，除了为这种动物提供适宜的生存环境外，还可以从周围自然区域吸引这种动物迁徙进来。例如，有意地堆积木质碎屑和落叶，这可以成为许多小型脊椎动物的栖息地。有时需要在项目现场搭建木桩和筑巢，以吸引成群的鸟类和其他动物。选择合适的时间和地点搭建栖息地是至关重要的。例如，如果把碎屑堆放在新种植的苗木附近，啮齿动物可能会啃食树皮，造成苗木死亡。

第十八章　项目的管理与实施

第十章至第十七章介绍了实施生态修复项目之前的准备工作，包括人员配备、调查工作、工作的安排和修复策略的选择等。总的来说，包括：

- 聘用项目负责人管理项目中的非技术类工作；
- 聘用项目总监监管项目中的技术类工作；
- 确定资金来源；
- 判断项目可行性；
- 标识和绘制项目场地；
- 消除生态系统受损的因素；
- 开展生态基准库存调查并评估生态系统受损程度；
- 对项目场地进行拍照记录；
- 告知利益相关方项目的目的，了解他们所关注的问题并收集他们的建议；
- 在考虑利益相关方的利益和确定目标生态系统后制定项目的长期目标；
- 准备参考模型；
- 确定修复策略；
- 确定项目的短期目标；
- 建立监测体系并通过分析监测数据判断项目是否成功；
- 准备实施计划；
- 获得行政审批；
- 选择所需遗传特性的植物种子和动物。

之后，项目现场工作可以在项目经理的指导下开始（图 18.1）。项目经理安排、协调和监督由现场作业人员、现场技术人员、承包商、科学家和志愿者的工作。此外，项目经理协调联络人员、园艺师和其他人员在项目现场的活动。项目经理的首要职责是确保实施计划得到妥善、有效地执行。因此，项目经理必须从项目总监的角度全面、深入地了解实施方案。项目经理的主要任务包括：

- 安排工作任务；
- 确保执行每项任务所需的人员数量充足；
- 根据需要调度项目所需的材料、工具、设备和生物库存；
- 确保现场工作人员了解自己的任务，拥有执行各自任务所需的材料和设备；

- 根据需要进行培训，以保证相关人员知道如何执行任务和操作设备；
- 为所有现场工作人员组织或安排安全培训；
- 与承包商进行沟通，确保其能安全、满意地完成任务；
- 确保项目现场有足够的进出口通道，有用于卸载和储存材料、设备的区域，有饮用水和食物，有卫生间，有紧急医疗药箱；各种后勤问题都应有解决方案；
- 确保项目场地的边界有清晰的标识，道路已修整好，围栏已架设好；
- 多次检查并确保各项工作顺利进行；
- 确保项目在预算范围内完成；
- 安排和协调监测工作；
- 维护好用以记录每天现场工作和事件的电子档案；
- 把用以记录项目工作的照片归档好；
- 与项目总监定期沟通各项工作及其存在的问题，包括可能阻碍项目按期完成或有损项目质量的各自威胁因素；
- 与联络人员一起安排公众、媒体和政府工作人员参观项目现场的事宜。

项目经理是一个重要的职位，担任项目经理既需要管理能力，又需要了解各项技术。可以肯定的是，项目经理是一个需要被认证的从业者，其对项目所有工作的各个方面有着丰富的经验。项目经理应熟悉现场使用的所有工具和设备的操作，并能在设备出现故障时进行维修和排除故障。项目经理可能在项目初期就参与进来了，其在项目初期作为现场工作的负责人，负责基准库存和参考生态系统的调查工作。

图 18.1　在美国密西西比州，工作人员正在修复一个被风暴破坏的森林，他们套种那些由于过度砍伐而消失的原有树木（据安德鲁 • 克莱尔）

项目场地被划分为多个多边形地块，场地准备工作和设备安装工作因季节变化而变动，这些工作按照计划在每个多边形地块内依次进行。劳动力、设备、材料和植物库存的交付必须被安排好。一旦交付，在播种植物之前就必须保证它们免受热伤害，防止它们失水，避免它们被食草动物和家畜吃掉以及避免机械损害。仅看项目经理的每项工作可能觉得并不困难，但是协调好每项工作却是富有挑战性的，项目经理要做的是统筹全局而不必太在意细节。如果项目经理调度失误，往往会使项目工期推迟一年，从而影响预算。

项目经理要事前安排好各项工作，并准备好应对突发事件的预案，如极端天气或植物供货交付延误。这些事情是可能发生的，几乎没有哪项生态修复项目能完全按照计划进行，发生突发事件是惯例，而不是例外。项目经理必须有一定权力，可以迅速、独立、果断地应对突发事件。预算中应预留可供项目经理支配的部分，以防项目总监无法立即拨付资金支付没有预料到的花费。例如，在季风到来之前，工作人员可能需要重型机械来完成现场准备工作。如果项目总监没有考虑到，项目经理就可能需要单方面订购这些机械，并用其可支配的预算来支付这部分费用。否则现场准备工作可能会延迟，导致项目进度延后。

在项目进行过程中，劳动力需求可能会发生变化。雇用劳动者一般由项目总监负责，项目总监可能会要求项目经理协助其开展招聘工作。如果没有联络人员，项目经理就需要承担协调志愿者现场工作的任务。在安排过程中，这可能是一个特别棘手的事情，因为志愿者能做的事情有限，他们也没有义务按时到达项目现场。但是可能的话，最好尽量接受志愿者提供的帮助。其一，这样可以降低劳动力成本；其二，他们经常是利益相关方，在参与项目的过程中，项目人员能向他们解释项目的好处，并鼓励他们保护现场和参与项目完成后的管理工作；最后，志愿者或他们的家属可能是生态活动家，他们可能会为这个项目和未来的项目捐款。

所有项目场地内的人员都需要了解他们的职责，其中也包括志愿者。项目经理必须为他们组织培训，告诉他们要履行的职责，他们要操作的工具，以及他们如何处理苗木和物料。未经培训的工人可能成为项目的累赘。

项目经理需要时刻了解所有现场工作人员的安全情况，并预防危险情况的发生。安全事故的预防要从项目经理安排或提供安全培训开始。从严格务实的角度来看，预防意外事故发生的成本远低于处理意外事故的成本。项目经理也要为工作人员提供合适的服装和鞋子，这一点很重要。项目经理需要确保任何时候都有足够数量的急救药箱，并且安排现场部分人员接受使用急救药箱的培训。药箱应配备处理蜜蜂、蚂蚁、黄蜂和其他昆虫叮咬的药物，并应含有杀灭蜱虫和其他昆虫的驱虫剂。药箱还应放置防晒霜、用于包扎伤口的绷带、清洁伤口的过氧化氢和预防感染的外用抗生素。对于海拔超过3000 m的项目，项目部需提供氧气瓶给需要的人。

项目经理需确保项目场地是安全的，是可以进行现场工作的。特别是如果当地居民不了解该项目能为他们带来什么好处，那么标桩和围栏可能会被破坏。当地居民可能会试图移走标桩和围栏并供自己使用，项目经理应尽力阻止这类盗窃和破坏行为。石碑是无法被轻易破坏的，虽然设立石碑的费用昂贵，但是从长远的角度来看可以节省时间和费用。要用照片和地理信息系统（GIS）软件记录每个标桩的位置，以便在丢失标桩的位置重新设立标桩。

项目经理要及时发现影响项目成功的场外威胁。这些威胁包括项目场地附近可能存在入侵物种，这些物种可能会入侵并散布到刚刚修复的生态系统中；威胁还包括土壤侵蚀问题，项目场地附近的土壤侵蚀问题可能会愈发严重。与项目场地相邻的无人管理的土地可能会杂草丛生，如果被点燃，火势可能会蔓延到项目场地。毫无节制地修建人类居住区和过度放牧也可能会威胁到项目的各项工作。项目经理可以指派其他人发现威胁并确定其严重性，而且项目经理有责任向项目总监汇报存在的威胁。

项目经理要在必要时利用胁迫因子管理生态系统。在陆地生态系统中，人工放火是维持和延续发生火烧演替的生态系统的常见方式之一（Fernandes and Botelho，2003；Nesmith et al.，2011；Taylor and Scholl，2012）。许多草原、热带稀树草原和开阔的林地生态系统都是由火维持的。火可能是闪电或其他自然方式导致的，也可能是人类有意或无意导致的。发生火烧演替的生态系统是文化的起源地，它们经历了长达几个世纪的开发利用，部落和农民长期居住于此，道路、耕地和其他空地会抑制火势的蔓延。有意地引发火烧可用于维持发生火烧演替的生态系统。在修复草原的过程中，点燃正在恢复的植被可能是必要的，以防止长出不需要的乔木和灌木。对自然区域的管理者来说，使用火似乎是违反常理的。在北美洲、非洲的许多地区和世界上的其他地区，长期阻止火灾的发生会对发生火烧演替的生态系统造成损害，修复这类生态系统的主要方法是有计划放火。

除火以外，胁迫因子还包括湿地中的水分状况，随着季节变化而暴露出来或被淹没的土壤对于维持湿地的水分状况至关重要。改善湿地内水分状况的工作要在现场工作的准备期间就开展起来，如填埋沟渠能防止湿地内的水流失，从而使湿地内的水文过程逐渐恢复正常（图18.2）。

项目经理需要在项目进行期间定期安排拍摄照片，以便记录项目各个阶段的状况。照片应拍摄到执行各项工作的人员，在讲述修复工作的公开演讲中会特别有用。项目经理不仅要收集照片，还要收集用以记录各项工作的文档，并确保项目负责人收到它们并确保它们安全归档。这些材料包括会议记录、收据、装箱单和监测数据等。照片、数据和日常记录材料很快就会越积越多，关键的文件可能会被误装或遗失，所以项目经理在项目开始时就要设计数字化文件系统。在整个项目期间，文档每天都要被扫描归档，以便浏览、检索。这项制度有助于快速检索相关文档，以准备中期和最终的报告，有助于向出资方、政府工作人员和新闻媒体介绍项目成果，有助于准备科学会议上的演讲，也有助于出版科学论文。备份文件的工作可以定期进行，并将其存储在不同的存储设备中。

图 18.2 在四川若尔盖湿地国家级自然保护区内，通过填埋排水沟渠进行湿地修复（据陈克林）

左图：恢复前的状态；右图：恢复后的状态

第十九章　项目后期维护、监测、报告与管理

当项目的所有工作任务完成后，刚经历修复的场地容易受到各种突发情况的影响，包括极端天气，过度放牧，人和家畜进入场地，竞争能力强的杂草和入侵物种，侵蚀和沉积，水文过程调节不当，火灾等。此外，还可能出现植物的存活率和生长情况没有达到预期，其他干预措施也不如预期那样有效等情况。由于这些原因，需要多次检查项目现场才能发现存在的威胁或问题，并迅速进行处理。如果不立即处理，这些问题导致的损害可能会增加，事后处理变得更加困难和耗资昂贵。如果没有发现或处理它们，项目甚至可能因此失败。

各项工作完成后的多次检查和对存在的威胁进行处理都属于后期维护。处理威胁的工作被称为“中期修正”，然而，用“对完成的工作进行修正”将更为准确。项目总监必须确保检查工作是经常性的，直到项目现场情况稳定、所需植物生长旺盛。项目总监可将这项工作委派给项目经理或其他项目人员。项目总监选择修正措施并授权实施。实施过程由项目经理监督。

顺利执行修复策略前需要做好监测工作，从而确保达到项目的短期目标（第十六章）。达到这些目标表明生态系统的功能和自组织性得到恢复。项目总监通常把监测工作委托给生态学家。从事监测工作的生态学家通常是经过专业培训、监测经验丰富的从业人员。相关专业人员可能需要参与到项目中以执行特殊的监测任务。记录和分析监测数据的监测报告由项目总监编写或在其指导下由其他人员编写。每个短期目标的完成程度会体现在报告中，一旦达成短期目标，项目就完成了。有些现场工作是无法预知的，然而，项目总监可以通过专业判断确定出在制定短期目标时没有考虑到的问题，然后在项目现场开展相关工作，直到这些问题得到解决。

本章专栏 19.1 中的图 19.1 提供了一张图——“生态修复花”，用于帮助项目人员确定项目是否达到附录 1 中列出的各项标准。满足各项标准代表项目可以结束。每个花瓣又被细分为三个子单元（花蕊），每个子单元代表一个特定的参数。并非所有参数都要出现在每个项目中。在某些项目中，可以用更合适的参数进行替换，也可以在每个花瓣中细分出三个以上的子单元。一旦确定参数，项目人员就可以根据阴影框是否被填涂来确定每个参数是否达到。当所有参数达到最高级别时，该项目即可结束，图 19.1 中的级别 5 就是最高级别。

专栏 19.1 生态修复评价标准

（撰写人：坦·麦克唐纳、贾斯廷·琼森和金斯利·狄克逊，澳大拉西亚生态恢复学会）

澳大利亚 13 个非营利性生态恢复组织的联合体制定了生态修复国家标准，为国内所有的生态修复项目提供指导标准（McDonald et al.，2016）。2017 年该标准被重新修订，第二版已经发布在网络上（http://seraustralasia.com/standards/contents. html）。

如果某个项目旨在尽可能恢复退化的生态系统的原有环境特征和生物多样性，那么标准就将该项目视为一个“生态恢复项目”。该标准对《关于生态恢复的入门介绍》提到的生态特征进行了进一步的说明。所需的“参考生态系统”是从实际调查或记录中得到的，其为受损的生态系统的每个生态特征要恢复到什么样的状态提供了标准。参考模型可以根据需要进行调整，从而使恢复的生态系统能适应当前或不断变化的环境条件。如果只有功能特征得到改善，那么该项目将被视为一个“生态修复项目”。

该生态修复标准列举了提高生态修复项目生态效益的措施，并鼓励将其纳入项目规划中。措施包括：解决存在的问题；优先考虑增加相邻的自然区域的面积；提高生态弹性；将修复后的区域融入更大的自然区域，以让修复后的区域更好地应对气候变化等新兴的环境问题。此外，标准还鼓励提高半自然区域的生态健康水平和从大的区域范围内开展生态修复项目，以减少项目对自然生态系统的不利影响。

标准中有一个五星级排名系统（本书没有列出，但其适用于大多数的生态系统），用于帮助管理者确定六个主要生态特征的恢复程度。每个特征又被进一步细分。要恢复受损的生态系统的哪些生态特征取决于每个项目场地的参考模型。因此，每个项目都将有独特、详细的评价指标。因为项目的结果以生态系统的恢复程度作为评价标准，所以可以使用相同的框架体系来评价生态恢复或生态修复项目。

图 19.1 展现了一个花朵，用于生动形象地展示生态修复项目的进展。1～5 级表示与参考生态系统相似度由低到高的累积梯度。达到级别 5 表明生态特征正在自然过程的主导下回到原有的轨迹上，此时不再需要人类的协助。通过检查或监测可以确定经历修复的生态系统特定时间下的恢复水平，并在花瓣中各子单元的相应区域涂上颜色。

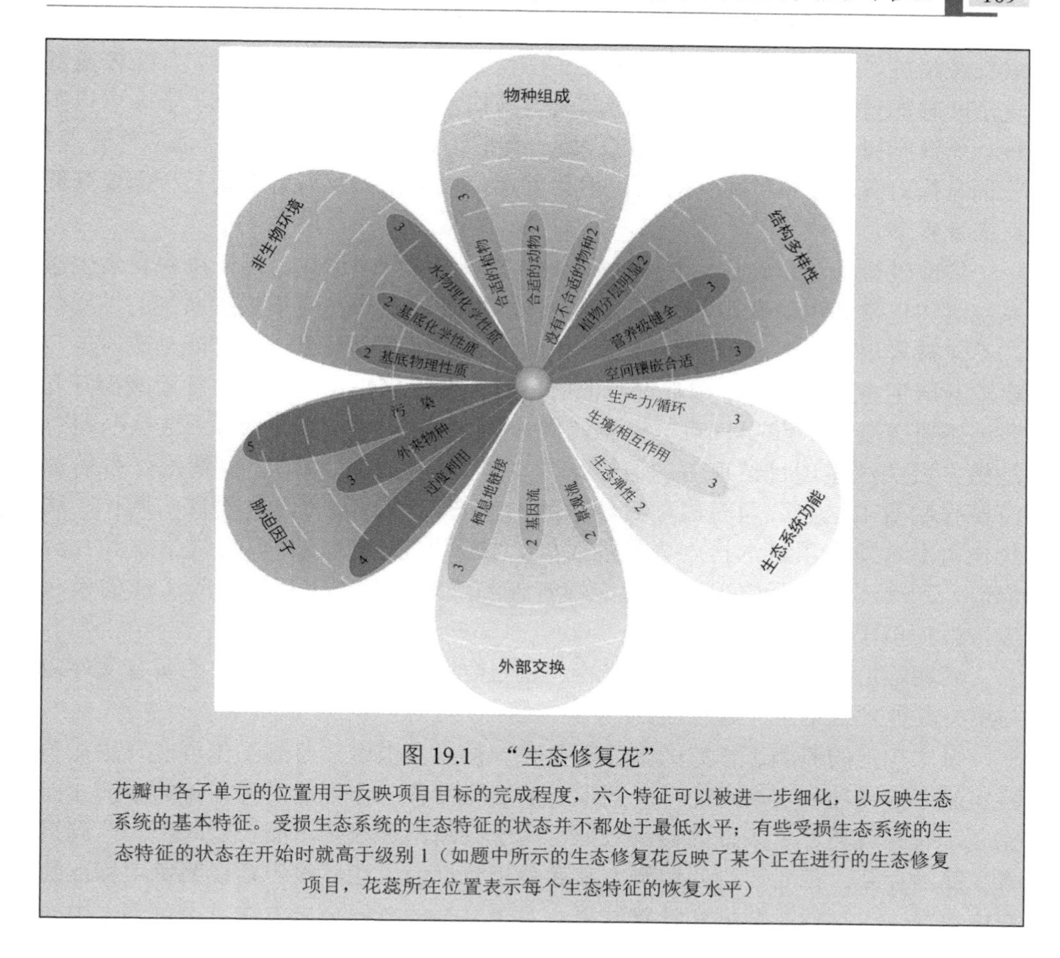

图 19.1 “生态修复花”

花瓣中各子单元的位置用于反映项目目标的完成程度，六个特征可以被进一步细化，以反映生态系统的基本特征。受损生态系统的生态特征的状态并不都处于最低水平；有些受损生态系统的生态特征的状态在开始时就高于级别 1（如题中所示的生态修复花反映了某个正在进行的生态修复项目，花蕊所在位置表示每个生态特征的恢复水平）

如果每个花瓣的所有子单元（花蕊）都达到级别 5，或在现场工作完成后，在没有人工措施的协助下，生态系统的各项生态特征可以逐渐达到级别 5，那么该项目可以被称为“生态恢复”项目。无法达到级别 5 的各项要求的项目不能被称为“生态恢复”项目，这类项目应被称为“生态修复”项目。在现实情况下，能达到最高级别的项目应该得到赞赏。

一些生态修复项目会分阶段执行，也许是在一年内或更长的时间范围内分阶段进行。分阶段实施是必要的，以便植物群落能充分发展，从而确保后面的工作能取得成功。例如，先在经历雪崩的斜坡上依次种上草、灌木或竹子，然后在几年之后再开展森林生态系统修复的工作。

在分阶段实施的项目中开展适应性管理是必要的。在每个阶段性工作完成之后就进行监测，可能会暴露出前期修复工作中的一些不足之处，后续阶段需要采取补救措施，这些措施可能并未出现在项目原定的实施计划中。例如，在修复混合落叶林的过程中，如果植物群落的关键结构发育缓慢，如针叶树，那么可以多种一些针叶树。这种适应性管理过程要一直持续到项目结束。有时“适应性管理”一词是指对各项工作的修正行为，但最好在每项工作完成后就确认是否需要开展适应性管理。

适应性管理最初被认为是一种复杂的生态系统管理形式，用于确保自然生态系统运作正常和生物多样性状况最佳。适应性管理在修复受损生态系统的过程中并不常被采用，主要原因是监测工作不到位或项目资金缺乏；也可能是政府部门要求开展生态修复工作，项目许可证的持有人希望尽快完成项目，从而减少开支和逃避监管责任。获得许可方通常是具有政治影响力的大型公司，这些公司总是想方设法逃避项目结束后的监管工作，如监测生态系统的恢复情况。政府部门要强制要求这些公司完成项目结束后的监管工作，因为修复项目周期长，这些公司不希望在项目上投入大量的时间。如果生态修复项目要实现生态和社会价值，那么不按实际情况开展适应性管理和逃避项目结束后的监管工作的做法应该被加以限制。

后期维护阶段也要继续拍摄照片。监测数据和与后期维护有关的所有文件应与所有其他项目记录一起存档。

每次规定的监测工作完成之后都要有一份监测报告。监测工作可能发生在项目实施之前或项目实施期间。一些项目的现场准备工作可能需要几年的时间才能完成，有关现场环境条件的监测数据可用于判断出种植苗木的合适时机。监测报告应简洁扼要。报告要说明监测方案和分析数据的方法。报告要说明每项标准的完成情况，包括原始数据和计算结果。对于复杂的统计分析方法，也可列出中间的计算过程。与专栏 19.1 的图 19.1 一样，报告中的数据也可用于了解项目进度。

最终的项目报告中会有大量更能全面展现项目方方面面的图片。报告中的内容包括项目所在地、项目利益相关方的信息、生态系统受损的原因、项目的长期目标、修复策略和实施方法、项目组成员。基准库存报告和参考模型的信息会被写入报告中，每一份完整的报告都会有附录或参考文献。项目的短期目标也会被写入报告中，监测数据简表能体现出各项短期目标的完成情况。应如实记录突发事件、意外事件和误操作，因为它们对于后续的工作安排和资金安排特别有用。一些行之有效的方法更要被写入报告中。如果在项目开展过程中就归档好每一份文件，将很大程度上简化最终的项目报告的编写工作。最终的项目报告应做成在线文档可供随时查阅，或至少应在一个适当的科学刊物和数据库中有一个简要的介绍，并建立该项目的索引。

报告中要有专门的章节说明在未来如何对生态系统进行管理。假设被修复的生态系统在未来不会被开发利用，为了保证其能继续恢复，就需要定期对其进行管理。一个关键的问题是入侵物种。邻近区域可能存在入侵物种。控制入侵物种的策略和方法将是宝贵的经验，最好能写入报告中。如果被修复的生态系统需要定期用火进行维护，记录计划放火的时间点、间隔时间和现场的环境条件是十分有价值的（Pausas and Keeley，2009）。如果利益相关方不了解生态修复项目的益处，并继续开发利用土地，报告中要强调这些存在的威胁并提出补救措施。

如果有专门的组织对被修复的生态系统进行管理，项目总监需要安排一次会议讨论管理方案。强烈建议组织利益相关方中的一些人对被修复的生态系统进行管理，这样他们会意识到修复生态系统对当地的经济和文化十分重要。如果忽视了后期的管理工作，被修复的生态系统又有可能受到各种损害。当地管理委员会要防止损害事件的发生，管理工作还包括继续维护专用道路、围栏和标牌，方便学生和其他游客参观。如果管理委员会在生态修复项目开展过程中贡献力量，那么其中的成员更有可能自愿参加后续的管理工作。要在项目规划和实施的各个阶段，积极邀请当地利益相关方参与进来。

第二十章 公共关系

第三章阐述了开展生态修复是为了实现某些价值。如果承认自然区域能创造价值，特别是恢复后的生态系统也能创造价值，那么这些自然系统就必须得到认可和尊重，并受到利益相关方的保护。参与生态修复项目，可以有机会欣赏自然和感受自然，获得宝贵的机会体验环境教育。联络人员可以为不能直接参与生态修复项目的人提供实地考察的机会，其他人也可以通过新闻媒体了解到修复工作的内容。让在校学生参观项目是环境教育的有效手段，如请在校学生参观项目场地，他们接受环境教育会感染和教育周围的人。

让利益相关方和当地社区的人参与到项目中非常重要。生态修复项目能提供一个难得的机会，去学习自然区域如何维持经济发展和增进人类福祉，了解开展生态修复项目是为了保障人类的生态安全。在参与的过程中，也能学习到环境管理的知识和修复受损的生态系统的方法。人类要像珍视自己的受教育机会和工作机会一样，珍视自己赖以生存的生态系统，因为自然生态系统能提供各种各样的自然服务。

出于这些原因，生态修复项目应得到广泛宣传，在项目完成后，要举行相关活动，要邀请利益相关方、当地社区的人和政府工作人员。联络人员通常会采用新闻稿的方式或其他方式引起新闻媒体和公众对项目的注意。在项目开展的初期，联络人员就要着手这项工作，以激发公众对项目的兴趣和期望。在项目进行的过程中，联络人员应有计划地安排新闻发布会和一些特别的活动，以维护公众利益和保障公众参与度。

举行庆祝活动不仅是为了庆祝项目完成，而且是为了确保公众了解项目已经完成和表明项目是为公共利益服务。还要选择一些媒体，让这些媒体在报纸上、电视上、网络上进行报道。与简短的新闻稿相比，在项目现场举行公开的庆祝活动更能吸引媒体的关注，人们可以亲眼看见项目的完成情况。如果有食物、茶点和音乐家现场演奏，这会吸引更多人前来参观。政府代表可以发表讲话和分享一些经验之谈，如为什么要批准这个项目或为什么要给予这个项目资金支持。省政府或中央派来的代表也要发表讲话，以体现出该项目不仅有利于当地的发展，还有利于更大区域范围内的经济和文化发展。

庆祝活动旨在培养公众对被修复的生态系统的尊重，并传达需要对生态系统进行长期管理这一信息。庆祝活动可以证明被修复的生态系统能作为文化活动的场地，如作为休闲娱乐的场地和作为学习环境知识的现场教学场地，还可以作为指导当地居民如何合理地获取蘑菇、草药和柴火等自然产品的场地。庆祝活动必须合理规划和布置，以达到最大限度扩大项目的影响力。这样一来，被修复的生态系统会继续受到保护，公众也有更大的热情参与到其他地方的生态修复项目中。生态修复项目不仅需要有规划方案、实施方案、具体行动、技术和资金的支持，也需要持之以恒地保护生态系统。如果要继续开展下一个项目，那么生态修复及其价值就需要被政府工作人员、规划师、企业、教师和其他人熟悉。公开举行庆祝活动是为下一个项目寻找更多支持者的一条重要途径。

因为项目人员可能在项目完成后就立即前往下一个项目场地，所以公开的庆祝活动不能在项目完成后才被提上日程，项目负责人必须从一开始就将其纳入项目规划中。在项目的进行过程中，所有的联络人员就应为最后的庆祝活动做各种准备。庆祝活动不一定仅限于参观项目现场，可以采取各种形式，最后的庆祝活动可以拆分成各种阶段性活动，各种阶段性活动可以持续地吸引公众的注意力，如可以在当地的某所大学举行一次生态修复的座谈会。应该告诉当地企业家要抓住机会依靠恢复后的生态系统提供的自然资源去发展“绿色商业”，如生态旅游或收获自然产品，但是这些企业必须负责管理好生态系统。联络人员可以负责各种阶段性活动。

整个庆祝活动旨在将公众注意力从修复生态系统转移到以负责任的态度保护和利用生态系统，要以实际行动保障生态系统的完整性和维护生态功能正常，并一直做下去。如果过渡时期的工作没有做好，如果恢复后的生态系统得不到尊重，那么就没有必要开展生态修复项目。庆祝活动标志着过渡时期的开始，庆祝活动有助于启迪更多的公共部门，合理地利用自然资源。

第四部分 大型生态修复项目

前面章节描述了在一个相对独立的区域开展生态修复项目。修复某一种生态系统是常见的，但有时会遇到一个项目场地内存在几种生态系统，它们紧密联系，如一条小溪流过某片森林，需要同时修复几种生态系统。

第四部分关注更大范围的生态修复项目，如景观尺度、流域尺度或更大的地理区域尺度。修复的对象是不同项目场地内的生态系统，这些在不同位置的生态系统的功能紧密联系，一起提供某一特定的自然服务。这一自然服务通常涉及水土保持或与水资源有关的问题，如抵御洪水，保障饮用水供应，或者保护河口以及保护能产生经济价值的渔业免遭浑浊的水和受污染的水破坏。某个大型生态修复项目是一个个小型生态修复项目的集合，需要协调好每个小型生态修复项目。在大的范围内开展的生态修复项目通常被称为“大型生态修复项目”。

大型生态修复项目通常需要各级政府部门一起完成。不管生态系统最终的恢复程度如何，这些不同项目场地内的生态系统发挥的功能紧密联系，这更体现出每个项目场地的价值。

第二十一章 景观修复

规划、实施大型生态修复项目是为了让自然服务回到正常水平，以满足经济发展的需求（Doyle and Drew，2006）。这些需求可能是为了恢复日渐枯竭的渔业资源，抵御潜在的洪水，或者维持内陆水道的水深以保障内河航运；其他大型生态修复项目，可能是为了保障饮用水和农业用水的供应，以及减少风力和流水的侵蚀作用。

在流域内或更大的地理区域内开展生态修复项目，目的是逐渐恢复这些区域内的自然服务。由于区域土地高密度开发利用或区域属于生态敏感区，区域内的生态系统早已退化，其提供的自然服务不断减少，造成了区域经济难以发展。例如，集约农业可能会导致河流中的悬浮泥沙增加而使河流变浑浊，水体会被农药和禽畜养殖废弃物污染，这样不仅会导致水体不能作为饮用水水源地，而且会导致水中鱼类减少。修复已经退化的湿地可以缓解农业产生的不利影响，因为在农业废水进入水体之前，湿地可以过滤废水中的悬浮颗粒物，并将废水中的废弃物等化学物质转化为毒性较小的物质。每个退化的湿地就是一个项目场地，这些湿地修复项目属于一个大型生态修复项目，其目标是让河水重新变清。

对于大多数大型生态修复项目，修复工作多集中在重要的战略性区域，如退化的湿地，或者都集中在对整个流域以及其他区域的经济效益起关键作用的区域。生态修复项目的实施方案通常能被快速执行，如可以沿着河流的缓冲带种植本地的草，这些草在一定程度上可以净化水体；可以开挖湿地周围的土地以增加湿地的面积；也可以在湿地周围种植本地湿地植物。如果一部分或大部分工作内容不需要参考就可以实施，这种情况下使用“修复”一词是不够妥帖的。大型生态修复项目的目标不是使生态系统完全恢复，大概是因为这要耗费更多的时间和投入更多的精力。

绝大多数的大型生态修复项目由中央政府审批，并由一个专门的委员会管理，这个委员会由大型生态修复项目涉及的区域内的各个政府部门的代表组成，他们负责管理这个项目。委员会有时候会把修复项目的管理权交给地方政府，并在必要时提供协助。地方政府的优势在于其能促进当地利益相关方对项目的认同感，这通过加强当地居民的社区意识和参与满足感来实现。如果地方政府能在项目开始前就积极宣传项目，利益相关方就能越早意识到项目可以带来的好处，那么地方政府的管理工作就越容易开展。

生态工程

生态修复项目不能低估生态工程的重要性。只要生态工程有参考，那么生态修复项目和生态工程其实没有实质性区别。然而并不是所有的生态工程都有参考，开展生态工程更主要是为了改善环境。《关于生态恢复的入门介绍》介绍了生态工程的特点，将生态工程定义为："……运用自然材料、不同生物和物理化学环境来实现特定的人类目标以及解决技术难题。因此它有别于依赖钢筋和水泥等人造材料的土木工程"（SER，2004）。

Odum（1983）认为，许多依靠土木工程使用惰性材料解决的问题，可以通过使用生物体及其遗骸的方式得到有效解决，如使用有机覆盖物，这种基于生态原则的方式高效、便宜。Odum 修建湿地用以处理污水和废水中的悬浮物、过量营养物质、有害生物和污染物，强有力地证明了他的观点。这一应用是生态工程的最高成就，随着全球可用于饮用的水不断减少，这一应用的重要性将会增加（Mitsch and Jørgensen，2004）。用于此目的的湿地有些是天然存在的，有些是人工建造的，如专栏 21.1 所述。另外，一些值得称赞和非常有价值的生态工程体现在农业和造林上，如土壤生物工程、生物修复技术、植物修复技术、堆肥工程；生态毒理学环境生物技术；先进的粮食生产方式，如水产养殖和水栽法等（Kangas，2004）。

当采用生态工程解决特定的问题时，生态工程构建的人工生态系统往往缺乏复杂性，并且几乎没有生物多样性。生态工程不需要参考模型，也不需要考虑本地物种，甚至不需要恢复生态系统抵御干扰或自我维持的能力，因为这是一项临时的工程，并且可能在未来又会有新的生态工程在这块区域开展。缺乏参考的人工生态系统对政策制定者和政府工作人员很有吸引力，因为构建人工生态系统工期短、花费少。可想而知，人工生态系统能快速地解决社会经济问题，也能简化具有管辖权的政府部门的工作，并且项目能快速通过审批。相对于生态修复项目来说，构建人工生态系统的年度预算和平日的记账工作更为简便。

不开展生态修复，只依靠简单的生态工程直接解决问题似乎是合理的，这种方式在全世界应用广泛。虽然问题能够立即得到解决，但是与经历修复的生态系统相比，人工生态系统通常缺乏生物多样性和复杂的生态系统功能。相反，人工生态系统的形式通常类似于农田或园林。因此，它几乎不能成为稀有物种生存的地方，更不一定会吸引生态游客，也不像自然恢复的生态系统那样具有生态弹性，并且可能需要更加密集和费用昂贵的维护。它终将被替换掉，否则，如果继续维护下去，也不会实现生态修复项目所能实现的价值。修复自然区域和搭建人工生态系统前，需要了解当地的情况。人工生态系统是绿色基础设施的一种具体体现（专栏 21.1）。

专栏 21.1 绿色基础设施与灰色基础设施

人类文明不断发展在很大程度上受益于修建大坝、输水管道和防护屏障等基础设施。修建这些“硬”的、人造的灰色基础设施，一直是许多国家进行水资源管理的传统方法。然而灰色基础设施往往成本高昂，并且只能解决一个或几个目标明确的水问题（Liu et al.，2013）。灰色基础设施会破坏或削弱生物物理过程，而这些生物物理过程对维持生态系统服务、生态弹性和人类生计至关重要。因此，人们应该更加重视和修建绿色基础设施（Bennet and Carroll，2014）。绿色基础设施由自然或半自然区域组成，它为人类提供大量的生态系统服务，并且能达到与灰色基础设施相同的效果。湿地、状况良好的土壤、森林和被积雪覆盖的生态系统能提供清洁饮用水、发电用水和灌溉用水，调节洪水，控制水土流失（Palmer et al.，2015）。在灰色基础设施的基础上补充或整合绿色基础设施，对于管理水资源来说至关重要。

新型生态系统是指由于人类活动形成的一种半自然的区域，其特征是现有的物种组成与原来大不相同（Hobbs et al.，2006，2013）。如果能找到合适的参考生态系统，那么也可以对新型生态系统进行生态修复。新型生态系统的出现促使生态学家去探寻新的环境改善措施和管理措施。

政策和规划

规划大型生态修复项目需要群策群力，这样才能通过政府审批。为了完成各项工作，必须要有政策承诺和经济动员。在规划小型生态修复项目的过程中使用的“多边形绘图法”也可用于大型生态修复项目。准备一张用于显示当前土地使用情况的地图，地图中的一个多边形代表一种土地使用类型，自然区域也要用一个多边形标出。地图中不同颜色的图例用于说明土地退化程度，针对不同情况要采取不同的修复措施和环境改善措施，这样才能提高生态系统的生产力以及减少农业和其他更为密集的土地利用方式对环境的影响。有时，一个多边形区域能单独作为一个项目场地。项目的设计理念、规划、实施、管理和后续维护已在前面的章节中论述。按照实际情况，分阶段在不同的项目场地内开展生态修复，有助于更好地完成大型生态修复项目。

项目的执行顺序取决于若干因素，特别是政治因素和资金因素。从生态学的角度看，应该首先开展有利于最大程度改善环境和实现项目目标的工作。然而，这一原则可能会受到各种因素的影响，如水在整个区域的流动情况。如果项目的目标是改善河口等水域的水质状况，那么先在河口附近开展修复工作可能作用不大，只有先改善上游地区的环境状况，才能使河口的水质状况得到改善。了解一个区域的水量盈亏变化是制定规划的先决条件。与从区域的角度考虑水的流动路线相似，也必须从区域的角度考虑造成污染空气的粉尘和污染物的迁移方式，从而优化项目的执行顺序。

上面提到的因素是规划人员经常考虑的因素，它们对于生态修复项目至关重要，在规划大型生态修复项目的过程中必须要予以考虑。规划人员最关心与经济和人口相关的因素，但还有其他因素也需要考虑，以确保含有飞地、公园和休闲场地的自然区域的生态完整性。例如，了解水的流动和使用方式是至关重要的，但也要了解公园和其他半自然区域的分布方式。以生态修复为导向的景观设计要优先考虑自然服务，然后付诸行动使其成为现实。如果要做到这一点，那么规划人员要考虑整个流域乃至更大的区域。

顺利开展大型生态修复项目需要项目联络人员处理好复杂的公共关系。联络人员不仅需要及时联系利益相关方并鼓励他们参与进来，还需要向他们通报项目进展情况。如果存在争议，联络人员既要确保项目不受影响，也要与他们进行协商。大型生态修复项目需要有专门的联络人员负责准备新闻稿和联系各方人员。项目办公室的其他人员要积极协助联络人员开展各项工作，特别是在项目规划存在争议时。

过度开采、自然资源遭到破坏、土地利用变化以及生态环境敏感性发生变化，都是开展大型生态修复项目的主要原因。大型生态修复项目只能解决环境问题，而社会滥用自然资源或对自然资源管理不当的问题不是一时半会就能解决的。最终，诸多社会问题都归因于人口的迅速增长。人类有智慧、有能力找到合适的方式来利用资源，并实现可持续发展。但这不可避免地需要改变一些传统的行为方式。

政府引导发展方式转型可能在刚开始有效，但不是长久之计。长远的解决方案是教育每个人，让他们了解如何成为保护自然资源的管理者。人类需要知道为什么管理好环境，对人类自身的福祉至关重要。人类需要学习相关知识和方法，从而知道如何进行管理。政府要鼓励和奖励好的管理模式，通过这种方式，好的管理模式会被更多人接受。如果某种管理模式包含以下三个条件，便更容易得到认同。第一个条件是公平分配自然服务创造的利益，让每个人都觉得自己受益；第二个条件是长期的土地使用权制度，从而能保证土地利用的稳定性，也能保证土地得到有效管理；第三个条件是在学校开展生态教育，提升学生生态素养，如让学生知道如何管理生态敏感区的土地。我们把治理细节留给那些比我们更有经验的人。我们坚信，图 3.2 中四个子整体描述的内容终将得到实现。这三个条件不是我们提出的，而是从中国现行的保护生物多样性的政策中提炼出来的。中国已经制定了好的政策，只需要严格执行现行政策就可以了。

社区参与项目

不是所有的大型生态修复项目都由中央政府负责。当地居民和非政府组织也可以共同完成一个大型生态修复项目（图 21.1）。地方政府应帮助当地居民和做好协调工作，上级政府也可以提供帮助。

图 21.1 林地修复（据安德鲁·克莱尔）

林地修复项目是生境 141°项目的一部分。这个项目旨在将破碎化的生境重新连接起来，包括 14 个国家公园和 3 个人迹罕至的自然区域。该项目由 10 个组织联合开展，非政府组织占多数。图片的前景在 5 年前是一块放羊的牧场，背景是一块林地，生长着本地树种，这片林地被作为参考

梅里溪是澳大利亚墨尔本的一条城市河流，公众的努力改变了梅里溪河谷，详见第二十五章的案例八。梅里溪项目从一开始就没进行任何规划，相反，地方政府在四十年的时间里根据民众的倡议和参与度来不断调整组织结构。该项目不仅缺少详细的规划方案，也几乎没有专家参与到项目中，但是民众的参与热情和长久的努力弥补了这些不足。构成该项目的许多子项目都取得了令人满意的结果，其中一些工作包括重塑景观、重新种植本地植物。今天，梅里溪河谷是墨尔本的一个标志，并在澳大利亚各地赢得了赞誉。

第二十二章　中国大型生态修复项目

由于毫无节制地砍伐树木，中国的森林覆盖率在 20 世纪 50 年代前曾出现大幅度下降的趋势。中国此后开始实施大规模植树造林，并取得了辉煌的成绩。政府动员全国人民积极植树造林，仅仅用了 50 年的时间，中国的森林覆盖率就恢复到了 22%，这是一个伟大的壮举，诸如此类的伟大壮举屈指可数。再造林就是利用造林技术来创造人工林，这实质上是一种简化的生态工程。从卫星遥感图像上看，这项工作是相当成功的，中国也得到了国际舆论的赞赏（专栏 22.1）。然而在

专栏 22.1　中国再造林项目

中国的森林生态系统在 20 世纪中期遭受了严重的破坏并不断退化，1960 年的森林覆盖率只有 8.7%。随着人口的快速增长以及农业、工业和建筑业的迅速发展，森林资源被过度消耗。随后人们在陡坡上耕作又进一步导致森林生态系统退化和森林内的生物多样性减少。中国因此遭受了包括水土流失、土地荒漠化和洪水在内的各种灾害的威胁。自 20 世纪 60 年代以来，中国政府采取了退耕还林、植树造林等一系列措施，森林覆盖率因此逐渐恢复（图 22.1）。特别是自

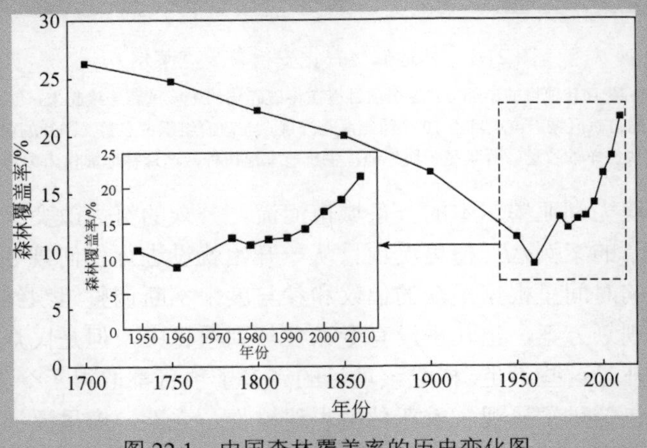

图 22.1　中国森林覆盖率的历史变化图

> 20 世纪 90 年代后期以来，中国实施了天然林保护工程和退耕还林工程等一系列重点工程。2003 年公布的第六次森林资源清查结果显示全国森林覆盖率达到 18.21%；2013 年公布的第八次森林资源清查结果显示全国森林覆盖率达到 21.63%，达到 150 年以来的最高值。

基层进行的调研表明，植树造林对生态系统、环境保护和社会经济的作用非常复杂，需要更为科学的后期评估（Trac et al.，2007，2013；Yin and Yin，2010；Robbins and Harrell，2014；Feng et al.，2016）。

尽管森林面积不断增加，但生态问题仍然存在，比较典型的生态问题是种植的树木种类较少，生物多样性没有得到恢复（Hua et al.，2016）。这类似于用一个或几个零件修理一台复杂的机器后就期待它能顺利运行，森林就像一台机器，当你仔细观察后，你会发现很多工作没有做到位。从卫星影像来看，植树造林工作似乎是令人满意的，但有些生态学家认为这样的森林是“生物荒漠”，因为这样的森林几乎没有生物活动，也几乎不能产生经济价值（图 22.2）。这样的森林也被称为“寂静的森林”，因为缺乏能给森林带来生机的鸟类。要制定改善森林生物多样性的策略（Lamb，1998），要尽可能从各个方面（专栏 19.1）对森林进行修复，这也是我们一直在强调的。

图 22.2　四川省种满了日本落叶松林地（据安德鲁·克莱尔）

本照片是“生物荒漠”的一个具体体现

植树造林还存在一些社会经济问题。为了保证森林覆盖率，有严格的条例来保护新种植的树木。树木不能被利用，所占的土地也无法被利用，这就像被修理后的机器只能被欣赏而不能重新运转起来。显然，需要有更好的生态修复模式，必须更全面地考虑实际情况并重新起草相关条例，还要放宽对林产品进行合理利用的限制。

幸运的是，中国政府已经朝着这个方向迈出了关键性的一步，中国与巴西在森林生态系统修复方面建立了合作关系，一起探索如何更好地开展大型生态修复项目。巴西在大型生态修复项目实施方面处于全球领先的地位，巴西恢复了大西洋沿岸森林保护区中的生物群区，这片森林曾经覆盖了南美洲东部的大部分地区（Rodrigues et al.，2011）。超过 260 个当地组织组成了一个联盟，一起参与到修复大西洋沿岸森林的工作中。相关法律要求恢复项目场地内生物多样性，每个项目场地内必须种上至少 80 种本地树种。由中国和巴西的生态学家组成的代表团对这一项目进行了参观学习，并探讨中国如何将恢复生物多样性纳入项目计划中。巴西也在向中国学习如何动员大批人员参与到生态修复项目中（图 22.3）。双边合作为双方提供了一个巨大的机会，双方都在 20 世纪末开展了植树造林活动，双方积累的经验是一笔宝贵的财富，能为一系列旨在维持生态平衡和人类可持续发展的生态修复项目提供指导（Liu et al.，2016）。编写本书也是为了能促进中国进一步完善与一系列生态修复项目相配套的管理体系。

图 22.3 2015 年巴西专家受邀来到黄土高原地区参观学习中国的大型生态修复项目（据 IUCN）

大型生态修复项目的受益者之一是大熊猫的野生种群。在很多国家，几乎所有的孩子都喜欢大熊猫，他们在了解大熊猫的过程中了解中国。中国建立的大熊猫保护区吸引了数百万游客，国外游客在参观的过程中了解中国，如果大熊猫在野外灭绝，那么中国的国际形象也会受到影响。稳定和发展这一稀有物种种群的唯一办法是开展生态修复，将破碎化的大熊猫栖息地重新连接起来，主要的措施就是人工造林。第二十四章案例四描述了在四川卧龙自然保护区开展的生态修复项目，该项目得到了中美环境基金会的资助。大熊猫栖息地的破碎化阻碍了大熊猫群体间的基因交流，加速了因近亲繁殖而导致的遗传多样性退化。为了能尽早把破碎化的大熊猫栖息地重新连接起来，越来越多的专业人员也参与到项目中。

要积极动员各方力量参与植树造林，这样一来，大熊猫种群安全得到保障，人们可以在大熊猫栖息地周围发展生态旅游业，水土流失和土地荒漠化等环境问题也能得到解决（专栏 22.2）。中国具备调动大批人员去实现这一目标的能力，未来将在自然资源保护领域处于世界领先地位。中国开展生态修复不仅能减少碳排放量，也能展现出积极推进减缓气候变化的决心和行动。希望生态修复项目的重要性能引起读者注意，如果能执行和管理好大型生态修复项目，人类将受益匪浅。

专栏 22.2 中国荒漠化的情况

荒漠化是中国面临的最为严重的生态环境问题之一，荒漠化已成为中国经济社会发展的一大制约。中国政府和人民一直致力于荒漠化防治工作。自 20 世纪 50 年代以来，中国防治荒漠化的工作一直在进行。尽管如此，在 20 世纪 90 年代，中国荒漠化面积还以每年 3500 km^2 的速度增加。在 2002 年，中国政府颁布了世界上第一部关于防治荒漠化的法律。经过几十年的努力，荒漠化蔓延的情况已经得到遏制。根据国家林业局发布的第四次全国荒漠化和沙化监测情况，截至 2009 年底，全国荒漠化土地面积为 262.37 万 km^2，沙化土地面积为 173.11 万 km^2，分别占国土总面积的 27.33%和 18.03%。五年间，全国荒漠化土地面积年均减少 2491 km^2，沙化土地面积年均减少 1717 km^2。监测表明，全国土地荒漠化和沙化整体得到初步遏制，荒漠化、沙化土地持续净减少，但局部地区仍在扩张。未来，中国计划进一步减少荒漠化和沙化土地面积，并逐步提高当地居民的生活水平。

大型生态修复项目花费巨大，需要动用大量的人力。负责项目的主要人员要具备出色的协调能力。开展大型生态修复项目的目的之一就是恢复人类赖以生存的自然资源。要认真规划大型生态修复项目，以确保各项工作能顺利进行，并且不会产生不利影响。保护和合理利用自然资源需要有政策支持，同时，政策不仅要合情合理，而且要随着实际情况的变化而变化。如果政策过于死板，那么可能会造成无法合理使用自然资源。这些自然资源是在开展大型生态修复项目后重新得到的，所以更应珍惜这些自然资源。在制定政策的时候要遵循可持续发展原则。制定政策的目的是为了管理好自然资源，从而长久地获得自然资源。错误的做法是为了短期获益，大量消耗自然资源，造成自然资源迅速枯竭，最后让子孙后代承担后果。这种目光短浅的做法不能使自然资源得到合理利用。

只有既考虑到大型生态修复项目的短期目标和长期目标，又征求过广大民众和政府部门的意见，才能制定出一个明智而有效的政策。制定政策时，必须要事先深入分析项目所能取得的成果。制定政策时，要避免理想主义，不管是理想化考虑经济和政治因素，还是理想化考虑环境因素。政策必须基于现实，符合事物发展的客观规律，具有科学性。政策必须有助于解决社会经济问题和实现和谐发展。换句话说，虽然制定政策是为了实现某一理想，但制定出的政策必须切合实际，不管理想有多好，也不能理想化考虑各种问题。在修复自然区域的过程中会涉及很多的生态原理，但很多生态原理没有被弄清楚。

中国在开展植树造林的过程中，存在的问题逐渐显露出来。从恢复森林覆盖率的角度考虑，植树造林取得了巨大的成功；而从恢复生物多样性的角度考虑，植树造林没有恢复生物多样性，并算不成功，人造林不能成为大熊猫等生物生存的地方。从获得经济利益的角度考虑，植树造林既有积极的一面，也有消极的一面。虽然大量的荒地被用于种树，但由于要提高森林覆盖率，树木被禁止砍伐。需要进一步开展工作，从而实现改善环境和发展经济，并解决由考虑不周的政策造成的一系列问题。许多林地中树木种植得太密集，要减小种植密度，从而提高树木的产量和质量。成熟的树木被收获后，可以种植一些其他的植物，从而改善生物多样性。生物多样性的恢复有助于生态系统产生更多的自然服务（表 2.1），从而满足人类的需求。疏伐是一种经常使用的造林方法，由于森林资源恢复周期长，这就决定了必须长期坚持植树造林，限制采伐的现行政策对森林的恢复至关重要，但有时这种政策有时不利于森林管理。

在重要的野生动物保护区域，特别是大熊猫活动的区域（图 22.4），一些现有的树木应该被砍伐掉，以便开展生态修复工作，从而重新连接破碎化的大熊猫栖息地。砍伐掉现有的树木不是说原来的植树造林项目是失败的，这些木材可以带来经济利益。用于种植这些树木的大部分土地原先都是被废弃的农田，原先种植的树木有助于土壤中的碎屑物被充分利用和增加土壤中有机质含量，这种土壤改良方式能为开展全面的生态修复创造条件。从现实看，植树造林是森林生态修复项目中不可或缺的一部分。

图 22.4　生活在四川卧龙大熊猫保护区的大熊猫（据 M. 布罗迪）

保护区位于四川省汶川县附近，已向公众开放

中国的森林覆盖率几乎没有减少，因为生态修复项目修复了原先生物多样性低的人造林。干旱地区的森林覆盖率有时会下降的原因是人造林中的树木由于缺水而死亡。即使这样，人造林也是有价值的，它们为修复森林提供了宝贵的经验，这些经验对于未来的规划工作是十分有价值的。

作为世界第二大经济体的中国，其发展模式急需改变，因为原有的发展模式已经对环境和生态系统造成了不利影响。对中国来说，如何解决环境污染和生态退化问题是一个全新的挑战。在中国，建设生态文明已经上升到国家的战略层面。2007 年，中国共产党第十七次全国代表大会上，前中国国家主席胡锦涛在报告中首次提出“生态文明”。2012 年，中国共产党第十八次全国代表大会首次将生态文明建设纳入中国特色社会主义事业“五位一体”的总体布局。解决环境污染和生态退化问题一直是中国新一代领导人优先考虑的问题。党的十八大以来，习近平总书记一直强调生态环境保护，多次提出“既要金山银山，又要绿水青山”、“绿水青山就是金山银山”，要求把生态环境保护放到更加突出位置，像保护眼睛一样保护生态环境。2015 年，党的十八届五中全会把绿色发展作为五大发展理念之一。2016 年以来，中央以“三去一降一补”五大任务为抓手，生态文明建设难点突破取得质的成效。控制温室气体排放、打击环境污染、实现绿色低碳发展，不仅是一个国家的应有之举，而且是一个国家改变发展方式、打破发展瓶颈、提高国际竞争力的先决条件。2018 年，全国生态环境保护大会上，习近平总书记发表重要讲话，深刻回答了为什么建设生态文明、建设什么样的生态文明、怎样建设生态文明等重大理论和实践问题。

从秦岭深处到祁连山脉，从洱海之畔到三江之源，从南疆绿洲到林海雪原，习近平总书记走到哪里就把建设生态文明的观念讲到哪里。2021 年 10 月，习近平总书记在主持召开深入推动黄河流域生态保护和高质量发展座谈会上指出“继长江经济带发展战略之后，我们提出黄河流域生态保护和高质量发展战略，国家的‘江河战略’就确立起来了”。为深入贯彻习近平生态文明思想，完整、准确、全面贯彻新发展理念，推动新阶段水利高质量发展，水利部聚焦河道断流、湖泊萎缩干涸两大问题，并印发《母亲河复苏行动河湖名单（2022—2025 年）》，推进实施母亲河复苏行动，将永定河、潮白河、白洋淀、西辽河、黑河、石羊河等 88 条（个）河湖纳入其中。复苏河湖生态环境，分析河湖生态环境修复的紧迫性和可行性，让河流恢复生命、流域重现生机。更重要的是，这对中国寻求新的发展道路具有重要意义，这也将为其他发展中国家树立榜样，从而带领世界由传统工业文明向生态文明转型，为全球环境治理提供了中国理念和中国贡献。

第二十三章　修复自然资本

每个大型生态修复项目都需要投入相当大的力量以增强生态系统的自然服务功能。开展修复工作不仅仅是为了增进社会福祉，也不仅仅是为了满足可持续发展的要求。在价值实现方面，整个工作就是对图 3.2 中社会经济价值子整体的最底端进行完善。在大型生态修复项目中付出了极大的努力并不是什么坏事，相对于那些工期短、投入少的生态修复项目，大型生态修复项目可能会收获更多。

我们也可以从另一个角度认识大型生态修复项目。从经济学的角度看，生态系统可以被视为一种自然资本。资本包括多种形式。人们比较熟悉金融资本，诸如投资于股票和债券的资金。也熟悉投资于建筑物、基础设施和其他固定资产的制造业资本。人力资本是指通过对人力的投资而形成的资本。社会资本是指人与人在交往过程中所产生的社会信任、社会规范、互惠和社会网络上的一种社会关系。环境经济学家认为自然资本包括各种自然资源。一些自然资本是不可再生的，如石油和矿藏；一些自然资本是可再生的，如饮用水、大气和肥沃的土壤。可再生的自然资本还包括生态系统和生存在其中的生物（Aronson et al.，2010）。我们从可再生的自然资本无偿产生的自然服务中获益。这些自然服务如表 2.1 所示。

自然资本在生态系统自发恢复过程中和修复生态系统过程中获得更新。在生态经济学中，这种恢复被称为修复自然资本（restoration of natural capital，RNC），被定义为“……是指对自然资本的补充投资，以促进生态系统产品和服务的流通，同时也在各个方面增进了人类福祉”（Aronson et al.，2007）。除了协助生态系统恢复外，RNC 行为还可能包括：①改善耕地、用于其他目的的土地和水域的生态环境；②提高生物资源的可持续利用能力；③“……在日常生活中建立或强化某些社会经济活动和行为，有助于人们学习、理解、保护和管理自然资本”。

自然资本产生自然服务等同于金融资本产生利息。如果自然生态系统受到损害或因经济利益被严重破坏，那么它产生的自然服务会越来越少，正如在使用金融资本储备后利息收入会减少一样。但自然资本和金融资本也存在不同之处。有关金融资本的交易由经济学家、规划者和决策者仔细记录、审计和分析。自然资本的减少很少被发现，几乎从未被经济学家、规划者和决策者仔细审计过。开展经济预测的前提是假定自然服务保持稳定，如河流和水库的水要能保证饮用水得到正常供应，或者吸引生态游客的野生动物的种类和数量保持稳定。当自然和半自然区域受到损害时，自然服务就会减少甚至完全消失。环境危机的严重程度往往与自然资本不稳定性成正比。20世纪中期，森林覆盖率下降就是一个典型的例子。由于森林覆盖率下降，包括中国在内的世界上大部分地区，土地荒漠化已经严重威胁到了经济的发展。

自然资本减少可能会导致经济危机，为了应对这一问题，联合国的两个特别的公约——《生物多样性公约》和《防治荒漠化公约》应运而生（Aronson and Alexander，2013）。中国是这两个公约的缔约方，致力于恢复生物多样性和防治土地荒漠化。做出这些承诺是中国迈出的重要一步，中国正履行自己的承诺，已经把恢复森林付诸行动。同时，还需要及时做出调整，进而达到修复自然资本的标准。

我们需要一个全新的发展模式，用一条箴言概括：要像关注经济一样关注生态系统，要像关注人类一样关注生态。这是RNC倡导的发展模式，要从长远的角度考虑经济的发展方式。这个趋势已经出现在世界各地，如果人类要继续生存下去，修复自然资本是一项势在必行的任务（Sukhdev，2012）。生态环境会很快发生转变，但经济发展方式不会一夜之间发生转变，存在滞后效应，转变经济发展方式可能需要更长的时间，因为在经济领域中有很多要考虑的现实因素。但是，由于自然资源有限、人口数量呈指数增长，这种转变终将发生。我们别无选择，只能走生态文明的道路。同时，因为重视生态环境，中国正在成为世界经济变革的驱动者。

RNC的应用

实施RNC的第一步是根据每个区域的实际情况制定出具体的策略，包括：修复受损的自然区域；消除造成生态系统退化的因素，适用于由于一些原因而无法开展修复工作的自然或半自然生态系统；发展环境友好型生产系统；修复废弃的农业和工业用地；对道路两旁、电缆廊道等专用于修建基础设施的土地进行环境改善；覆盖和修复填埋场；铺建雷诺护垫以提高河床和边坡的稳定性。

生产系统包括用于种植作物的农田、果园（如葡萄园）、牧场以及其他形式的农业用地；用于水产养殖的水域；林地，特别是各种人造林。优化生产系统措施包括：安装微滴灌溉系统以节约用水；在农田中为传粉者和害虫的天敌创造适合的生存条件，修建灌木篱墙；向土壤中添加有机质和氮素；使用生物进行耕作；建立植物缓冲区以减少浑浊的水和携带过量的营养物质的水直接进入水体；用生物修复方法修复被泄漏的石油和其他污染物污染的场地。

要规划好各项修复工作，被修复的生态系统才能为人类提供更多的自然服务。例如，在智利山区开展的一个森林修复项目旨在向附近沿海地区的村庄提供饮用水（Lara et al.，2009；Little and Lara，2010），项目人员通过堰来测量从项目场地流出的水的流量（图 23.1），把河水中的盐分浓度控制在最佳范围内以发展渔业。

图 23.1　智利的一个自然资本修复项目，堰用于测量水的流量（据安德鲁·克莱尔）

修复自然资本后，需要通过宣传活动让公众认识到修复自然资本对于提高人类福祉的重要性。当地社区，尤其是当地利益相关方，是主要的宣传目标，也包括将成为下一代土地管理者的学龄儿童。活动包括召开公开会议、制作标牌、制作广播电视节目（尤其是制作适合学生观看的电视节目）、开展郊游活动，以及与社区负责人和主要利益相关方举行会谈等。这些活动传达了自然服务对人的好处；如何采取最佳的管理措施来保护和管理自然资本，以持续获得自然服务；以及不重视自然资本的严重后果。尽可能让当地居民成为 RNC 计划的工作人员和志愿者，以便让他们了解什么是 RNC 以及如何从中获益。

要敦促社区负责人通过建立平等分配自然服务的方式让人人受益。否则那些没有被考虑到的人有可能会肆意破坏或私自滥用自然资本。还要向社区负责人提供可持续利用生物资源的措施，并鼓励当地人依靠这些资源发展本地企业。地方政府要采取强有力的措施来保护本地企业所需的自然资本。要为当地居民开展职业培训，并让他们学习如何保护和管理自然资本。可以在节假日举办以了解自然资本为目的的公众庆祝活动，从而让当地人意识到自然资本的重要性。

RNC 项目采用的几种方法可以用于提高生态系统的生产力，包括发展农林复合生态系统、开展水产养殖等。农林复合生态系统是生态农业模式的一种具体体现。例如，咖啡豆就是在某块区域内先清除灌木、然后种上咖啡树的情况下获得的。一些经济作物有时候会被种植在一起。经济作物包括粮食作物、纤维、药材或植物性饲料等。经济作物所需的生长条件和生长周期各不相同，所以能在不同的时间在同一块区域内种植不同的经济作物。通常来说，发展农林复合生态系统不属于生态修复的范畴。实际上，发展农林复合生态系统甚至要占用部分自然生态系统。然而能采用农林复合生态系统模式对受损的生态系统进行修复，尤其是靠近人类居住区的受损生态系统，这样当地村民能种植农作物和获得薪柴，也能养蜂以获得蜂蜜。

一般来说，水产养殖也属于农林业，只是水产养殖是在湿地、池塘、河流和河口进行的。这些地点的环境条件可以通过修建围堤、调控水位和控制水体中的盐分浓度得到调节。此外，可能需要清除掉一些突然出现的水生植物。要根据实际情况合理选择一些鱼类和贝类进行养殖。通常开展水产养殖不会改变区域内原有的环境条件和生物群落，但并非总是如此。水产养殖区域可以提供一些生态系统服务，如蓄水，但水产养殖区域存在不同程度的富营养化问题。与农林复合生态系统一样，水产养殖往往要占用部分自然生态系统；然而可以把受损的湿地等水生生态系统改造成水产养殖场。

将大型生态修复项目整合到RNC项目中非常重要。这样得到的社会经济效益和文化效益要远大于项目投资。这些效益分布在图3.1所示的四个象限内和图3.2所示的四个子整体中。RNC项目收获的社会经济效益可能会远远超过大型生态修复项目收获的社会经济效益。开展RNC项目能改善人类的生存状况和促进人类文明的发展。要完成好RNC项目，就要求那些负责RNC项目的人员具有非凡的远见，并做好各项工作。中国有能力开展RNC项目，中国已经证明了她能迅速动员全民参与到植树造林中——这可能是世界上其他国家都无法做到的。中国可以成为修复自然资本的领导者，现在唯一需要的是修复自然资本的意愿。

第五部分 历史案例

本书第五部分提供了一系列案例，目的是让读者了解现实生活中的生态修复项目。这些历史案例是本书的“小插曲”，帮助论证本书中的各种观点，或描述生态修复所产生的实际效果。

第二十四章　中国生态修复典型案例

这一章中，我们介绍了以下四个案例：

案例一　渐进式生态修复案例：北京“母亲河”——永定河生态修复；

案例二　渐进式生态修复案例：茅洲河生态修复；

案例三　生态修复案例：黄土高原生态修复；

案例四　生态修复案例：大熊猫栖息地修复；

案例五　生态重建案例：新泾港综合治理措施；

案例六　生态重建案例：北京奥林匹克公园“龙形水系”。

案例一　北京“母亲河”——永定河生态修复（撰写人：刘俊国、丁一桐）

永定河是北京的“母亲河”，是北京地区第一大河和北京市重要水源地。永定河北京段对北京沿河地区社会经济发展具有重大带动作用，对于保障北京的生态环境和可持续发展具有重大的意义。但随着永定河流域社会经济不断发展，城市规模不断扩大，各种污水和废弃物急剧增加，加上流域内降水不断减少，致使河道生态用水缺乏，河流水陆生态系统严重退化，缺乏全面系统的治理（图 24.1）。河流生态服务价值功能还未得到有效发挥，沿河水文化景观名存实亡，防洪安全仍然存在隐患。

图 24.1　永定河生态修复前（据刘俊国）

根据三维水资源短缺评价，永定河主要问题为水量型缺水和生态型缺水，以保障河道生态用水为抓手，采用渐进式生态修复理论，开展河流生态修复。首先，因地制宜选择修复模式，山峡段以自然恢复为主，生态修复为辅；城市段以生态修复为主，自然恢复为辅；郊野段因严重退化，在生态重建基础上，以山峡段为参照系统，逐步实现生态治理与修复。其次，明确修复目标和参考生态系统，明确永定河不同河段修复的生态功能分区情况。进而开展系统治理、统筹规划、综合治理。从流域着眼，从河道走廊入手，落实到永定河。研发一整套流域生态修复模式，协同推进山水林田草一体化保护和修复，增强生态保护修复效果，增强生态系统稳定性，实现生物多样性（图 24.2）。最后，在修复前、修复过程中和修复后，需要一直开展生态调查和监测。采用 3S 技术与地面样地调查作为核心技术，以多期遥感影像为数据源，充分利用现有各种历史调查和相关地学资料，结合 GPS 定位地面实测站点数据，通过遥感图像解译，获取多期永定河流域生态环境数据集，并在 GIS 的支持下，实现各类数据的空间管理，建立长效的永定河生态环境监测体系。

图 24.2　永定河生态修复后（据刘俊国）

案例二　茅洲河生态修复（撰写人：刘俊国、丁一桐）

茅洲河是深圳第一大河，总面积为 388 km^2，其中 311 km^2 在深圳、77 km^2 在东莞。曾被生态环境部、住建部列为挂牌督办的黑臭水体。是一条由水质问题而导致的典型生态型缺水河流（图 24.3），茅洲河治理是深圳治水“一号工程”，事关深圳居民福祉及城市国际形象。2016 年初，国内最大水环境治理 EPC 项目——茅洲河流域水环境综合整治工程拉开大幕。

图 24.3　2015 年的“墨汁河”——茅洲河（据刘俊国）

采用渐进式生态修复模式，第一阶段，坚持问题为导向，在茅洲河宝安片区因地制宜设置 46 项工程，包括环境治理工程三类，分别为雨污管网工程、河道整治工程、内涝整治工程；生态修复工程三类，分别为生态修复工程、活水补水工程、景观提升工程。第二阶段，明确修复目标和参考生态系统，充分考虑茅洲河流域自然禀赋、生态退化的历史条件和现实状况，坚持统一目标与分步推进相结合。第三阶段，坚持系统治理思路，坚持流域统筹与区域治理相结合的原则，以流域尺度统筹梳理排水系统、污水系统、雨水系统问题，具备系统思维，并在全流域开展河流生态补水研究，研发了河道再生水补水调配技术。设计燕罗湿地公园，提升茅洲河入水质服务流域环境综合整治工程；设计茅洲河流域再生水补工程，建立了全时空利用体系解决旱季生态基流量不足、雨面源污染严重等问题。最后，搭建茅洲河智慧水务平台，实现生态调查和监测的持续进行。目前，茅洲河干流共和村断面的氨氮平均浓度由 2015 年末的 31.2 mg/L 降低至目前的 1.6 mg/L，水体质量大幅度提升，生态环境逐步恢复（图 24.4）。将茅洲河生态修复技术以及资源和污染型缺水理论方法在全国不同地区推广应用，为类似地区提供了科技支撑和借鉴。

图 24.4　生态修复后的茅洲河（据刘俊国）

案例三　黄土高原生态修复（撰写人：刘俊国）

黄土高原位于中国中部偏北，总面积为 64 万 km^2，有近 1 亿人居住于此。数千年的过度开垦和过度放牧使黄土高原成为世界上水土流失最严重的地区，这也导致了当地的贫穷落后。为了防治水土流失，1994 年启动了生态修复项目。这项工作随后发展成为始于 1999 年的退耕还林工程（GTGP）的一部分。中国的退耕还林工程是发展中国家开展的最大的生态修复工程，采取的主要措施是把陡坡（≥25°）上的耕地转变为多年生植物种植地以恢复退化的生态系统。退耕还林工程有效抑制了黄土高原（图 24.5）的水土流失，增加了农民的收入并保障了当地的粮食安全。

（a）

（b）

图 24.5　黄土高原（据刘小岛）

（a）1995 年没有开展退耕还林时的情景；（b）2009 年退耕还林开展 10 年后的情景

案例四　大熊猫栖息地修复（撰写人：安德鲁·克莱尔）

大熊猫栖息地生态修复项目的主要目的是为四川省自然保护区工作人员和熊猫山志愿者在参与户外修复工作前提供实习场地。项目选择了大熊猫栖息地内山脊上的 50 hm^2 土地，这块土地与卧龙自然保护区内的卧龙镇接壤。该项目的名称“洞口工程”来源于项目所在地，附近有一个叫“洞口”的村庄，生活着几个藏族部落。由于当地居民伐木用做生活燃料，过度放牧以及外来物种入侵等原因，当地原有的森林生态系统遭到破坏。

图 24.6 是用于参考的森林生态系统。2014 年，中国科学院和四川农业大学的研究生志愿者在受损的生态系中进行了基准库存调查，并对作为参考的附近未受损的森林生态系统进行了调研（图 24.7）。当地针叶林主要由麦吊云杉（萨金特云杉木）构成，这块林地朝北的斜坡上长满了蕨类植物，朝南的斜坡上是以落叶阔叶树为主的混交林。2014 年，项目雇用当地居民收集当地的树种和插枝，并种在指定的地方（图 24.8）。

2015 年 3 月，第一批出圃的苗木被栽植到洞口工程项目现场的东端（图 24.9）。被雇用的当地农民在一小块面积为 0.3 hm^2 的土地周围（图 24.10）安装篱笆以防止牲畜破坏竹苗等苗木（图 24.11）。之后，毗邻的种植区域也被围起并种植了苗木。当苗木的供应量越来越多，林地内的植物多样性会逐渐增加。地上会种上用于放牧的草，灌木丛旁会种上其他草本植物。灌木的地上茎会被人工修剪，这样可以减少树木之间的竞争。

图 24.6 森林生态系统可以作为大熊猫栖息地生态修复项目参考（据安德鲁·克莱尔）

图 24.7 研究生在听专家讲解相关知识（据 J. 迪斯彭萨）

图 24.8 培育当地植物（据 J. 迪斯彭萨）

图 24.9 来自德国、英国、加拿大和美国的志愿者与当地农民种植树木（据安德鲁·克莱尔）

图 24.10 当地农民安装篱笆以防止牲畜破坏苗木（据 J. 迪斯彭萨）

图 24.11 项目人员在当地种植竹子（据 J. 迪斯彭萨）

2016年，所有的树苗和竹苗都存活了下来，一些树苗的高度超过了2 m。原来的草地上现在长满了蕨类植物。牧民在放牧时也发现了一些没有出现在基准库存报告中的草本植物。如果随后的清查显示该区域缺少参考区域中的某些草本植物，这时可以从参考区域引入少量缺少的草本植物。

因为有资金的支持和志愿者的无私奉献，项目人员希望继续种植苗木并完成洞口工程。在获得审批之后，项目人员会种植利于大熊猫生存的本地树种来代替原先种植的日本落叶松。卧龙自然保护区的管理人员对这项工程表现出极大的热情并给予了极大的鼓励。

案例五　新泾港综合治理措施（撰写人：刘俊国）

新泾港位于浙江省嘉兴市嘉善县干窑镇集镇西侧，全长1900 m。这条河是干窑、长生、南宙三个村的母亲河。由于沿河企业的工业污水和农户的生活污水过去都直排入这条河以及河道污泥淤积等原因，这条20 m宽的河成了黑臭河。垃圾堆满河岸（图24.12）。在新泾港开展综合治理工作是为了让新泾港重现清流、让新泾港的水能重新供给沿岸村庄使用。当地对河道进行了清淤（图24.13），又新挖了一条长279 m的河道（图24.14），这不仅把新泾港与潘家浜两条河连接了起来，也改善了新泾港的水体流动性。被淹没的河道上种植了矮大叶藻，种植面积达6800 m^2。400 m^2的沟渠上种植了荷花。当地安装了曝氧装置。河面上漂浮着一座面积为1450 m^2的生态浮岛，浮岛上种植了美人蕉、风车草、鸢尾属植物、黄菖蒲、香菇、梭鱼草和粉绿狐尾藻等植物（图24.15）。污水处理设施投入运行后，这条河从Ⅴ类水体（主要适用于农业用水区及一般景观要求水域）转变为Ⅳ类水体（主要适用于一般工业用水区及人体非直接接触的娱乐用水区），偶尔能达到Ⅲ类水体（主要适用于集中式生活饮用水地表水源地二级保护区、鱼虾类越冬场、洄游通道、水产养殖区等渔业水域及游泳区）的标准（图24.16）。

图24.12　综合治理工作开展前的新泾港（据匡平平，2014年）

图 24.13　河道清淤（据匡平平）

图 24.14　综合治理工作开展后的新泾港（据匡平平，2016 年）

图 24.15　美人蕉生长在右侧的人工生态浮岛上（据匡平平）

图 24.16 综合治理工作开展前的新泾港（左图，2014 年）和综合治理工作开展后的新泾港（右图，2016 年）（据匡平平）

沿岸的住宅被翻修一新。沿河两岸占地 126 acre[①]的各类污染企业（建材厂、塑料加工厂）共计 14 家，都被关停整顿。为了发展生态农业，建立了干窑农业中心。当地进行了各种探索，包括：安装智能灌溉系统、合理施肥、监测昆虫和提高生产效率等。绿化面积达到 7200 m^2。公众环境意识的提高有利于当地居民关心自然环境和提升自身生态素养，并自觉参与到尊重自然、保护自然的行动中去。

案例六 北京奥林匹克公园“龙形水系”（撰写人：刘俊国）

在北京奥林匹克公园内有一个“龙形水系”生态系统，龙头昂首于北京奥林匹克森林公园，龙尾位于鸟巢体育场附近。“龙形水系”的“头部”是一个风景优美的人工湖，其占地面积约为 20 hm^2、深为 1～3 m、水体体积为 40 万 m^3（图 24.17）。降水和北京清河再生水厂的再生水不断进入水系，再生水从龙头进入“龙形水系”并参与到整个系统的水循环过程。人工湿地和水生植物（图 24.18）净化再生水从而确保水质良好。此外，这个水生态系统不仅为动物提供了栖息地，也美化了周围环境。

根据本书中“修复”的定义，北京奥林匹克公园的“龙形水系”是一个人工构建的生态系统，而不是一个被修复的生态系统。水系所在地以前没有湿地，也没有开展过水生态修复项目，在“龙形水系”设计过程中也没有用到参考模型。这个案例说明了在城市构建生态系统可以践行生态价值观，也说明了开展生态修复项目并不是改善环境的唯一措施。

① 1 acre=0.404686 hm^2。

图 24.17　龙尾位于鸟巢体育场附近的“龙形水系”（据刘俊国）

图 24.18　与龙头相连的人工湿地用于提升水质（据马坤）

第二十五章　国外生态修复典型案例

这一章中，我们介绍来自三大洲的五个生态修复典型案例：

案例七　渐进式生态修复案例：莱茵河修复（欧洲）；

案例八　生态修复案例：梅里溪城市溪谷修复（澳大利亚）；

案例九　生态修复案例：瓜纳卡斯特自然保护区森林恢复（哥斯达黎加）；

案例十　生态重建案例：工业遗址内泥炭沼泽恢复（爱尔兰）；

案例十一　生态重建案例：克里斯贝奇河流修复（瑞士）；

案例十二　生态重建案例：麦诺克河流修复（英国）。

案例七　莱茵河修复（欧洲）（撰写人：刘俊国、丁一桐）

莱茵河是西欧第一大河，全长 1232 km^2。第二次世界大战后，莱茵河周边建起密集的工业区，以化学工业和冶金工业为主。德国鲁尔区约 300 家工厂把大量的酸、漂液、染料、铜、镉、汞、去污剂、杀虫剂等污染物倾入河中。此外，废油、污水、废渣化肥、农药使莱茵河水质遭到严重污染。据估算，水中各种有害物质达 1000 种以上，致使大量水生物种面临威胁。20 世纪 60 年代末，莱茵河成为“欧洲下水道”，所有水生生物几乎在德荷边界河段绝迹。1986 年 11 月 1 日，位于瑞士巴塞尔附近的 Sandoz 公司发生火灾，约有 1 万 m^3 被有毒物料污染的消防水流入莱茵河。污水顺河而下，11 月 9 日抵达荷兰边界。火灾及其引发的污染严重破坏了莱茵河生态系统，对莱茵河生态系统产生了不良影响（图 25.1）。

图 25.1　1986 年剧毒物污染莱茵河事故

欧盟要求保护莱茵河国际委员会（Internatianal Commisson for the Protection of the Rhine，ICPR）起草莱茵河修复计划。根据莱茵河的实际情况，因地制宜选择修复模式，因此 1987 年 ICPR 制定了《莱茵河行动计划》，旨在 2000 年前修复好莱茵河。1987 年 10 月 1 日各国部长会议通过了《莱茵河行动计划》及其非常有挑战而且雄心勃勃的修复目标，计划主要目标—珍贵鱼类重返莱茵河（以“鲑鱼 2000”作为本目标实现的标志），保证莱茵河可作为饮用水水源供水，持续减少沉积物污染，改善北海的生态状况。

莱菌河修复治理坚持长期渐进的过程，明确修复目标，实施系统的治理方案，强调社会的需求。修复治理方案包括：1963 年，《莱茵河保护公约》解决莱茵河日益严重的环境污染；1987 年，“莱茵河 2000 行动计划”从流域角度考虑河流修复，将河、岸及周边区域综合治理，这个阶段重视水质恢复和生态修复；1998 年，“莱茵河洪水管理行动计划”获得通过；2001 年，“Rhine 2020——莱茵河流域可持续发展计划”：生态改善、防洪、水质及地下水保护；2020 年，“Rhine 2040”：使莱茵河及其支流具有气候适应能力，并以可持续的方式对其进行管理。同时，在整个修复过程中持续开展生态调查和监测，莱茵河保护国际委员会在莱茵河及其支流上建立了 57 个水质监测站，通过最先进的方法和技术手段对莱茵河进行实时监控，形成监测网络；每个监测站设有水质预警系统，通过连续生物监测和水质实时在线监测，可及时对短期和突发性的环境污染事故进行预警；建立了“国际警报方案”，当发现污染物时，在瑞士、法国、德国和荷兰设置的七个警报中心能够及时沟通，迅速确认污染物来源，并发布警报。

经过几十年的治理，莱茵河流域的生态环境明显改善（图 25.2）。1992 年，莱茵河所有污染物实现了 50%以上消减率的目标，部分污染物排放减少了 90%；2003 年，河水基本清澈，水中溶解氧饱和度达到 90%以上。

图 25.2 修复后的莱茵河（拍摄于 2019 年；据刘俊国）

案例八　梅里溪城市溪谷修复（澳大利亚）（撰写人：大卫·雷德费恩，澳大利亚墨尔本梅里溪联盟成员）

梅里溪河穿过澳大利亚墨尔本。由于农业发展、石料开采、污水排放以及来自屠宰厂和制革厂的有毒废弃物进入水体等原因，河流生态功能严重退化。后来采石场成了填埋固体废弃物的场地。20 世纪 70 年代，当地的一些社区意识到把梅里溪开发成绿地的可能，他们开始种植当地树木从而让其成为鸟类和其他野生动物的家园。他们的辛勤付出让梅里溪溪谷变成了城市绿地（图 25.3、图 25.4）。混凝土堤坝代替了原先的土坝，这更有利于防洪。人们在堤坝上种植了当地的树木，希望堤坝上成为林地（图 25.5）。这里有一个在洪水期蓄积部分洪水从而延缓、削减洪峰的盆地（图 25.6）。志愿者在这个盆地内种上了当地的草。绿地周围还修建了一个棒球场（图 25.7）。

图 25.3　修复后的梅里溪河（拍摄于 2016 年；据安德鲁·克莱尔）

图 25.4　梅里溪河同一位置 1982 年（左图，还未开展修复工作前；据 W. 格伦德曼）和 2016 年（右图，开展修复工作后；据 D. 雷德费恩）对比

图 25.5　人们在堤坝上种植了当地的树木（拍摄于 2016 年；据安德鲁 • 克莱尔）

图 25.6　蓄积洪水的盆地（拍摄于 2016 年枯水季；据安德鲁 • 克莱尔）

图 25.7　绿地周围的棒球场（据安德鲁 • 克莱尔）

地方政府和社区组织在 1976 年组建了一个管理委员会，负责修建一个由联邦政府资助的公园。人们修整了当时被用于填埋固体废弃物的采石场，然后在这块地上修建了运动场、铺设了道路，并开展了各种修复工作。志愿者在这里栽种、除草、清扫垃圾，开展水质监测、实践教育和鸟类调查等丰富多彩的活动。这里每年有多达 45 场栽种活动，民众志愿工作时间长达 4000 小时。残存的天然草场被保留了下来，每三年进行一次的火烧用以改良草地。如果入侵物种在火烧后重新生长，人们就用除草剂进行处理。

在梅里溪溪谷开展的修复工作是一次意义非凡的实践，是所有在城市里开展的修复工作中的代表。这次尝试也证明了地方民众积极倡议与政府及时响应的模式有利于更好地开展生态修复工作（Bush et al.，2003）。

案例九　瓜纳卡斯特自然保护区森林恢复（哥斯达黎加）（撰写人：丹尼尔·H. 詹曾和温妮·霍尔威克斯，美国宾夕法尼亚大学）

位于哥斯达黎加西北部的瓜纳卡斯特自然保护区（http://www.acguanacaste.ac.cr）占地 165000 hm^2，它从哥斯达黎加距太平洋 6 km 的地方开始延伸，沿着太平洋沿岸的低地跨越干旱森林，翻过一系列高达 1500～2000 m、遍地树木的火山地区，然后俯冲到加勒比海热带雨林低地。这里至少有 375000 个物种。在 20 世纪 70 年代之前，由于放牧、耕种、伐木、火烧、狩猎、捕鱼等人类活动，这个地方的生态多样性持续退化，时间长达 400 年之久。在这个地方开展生态恢复的首要目的是让在中美洲少数几个残存下来的太平洋热带干旱森林恢复成原来面貌，让它们延伸到西边的海洋，并与东边相对潮湿的森林连接起来。哥斯达黎加和一些国际团体合作，采取的方法是停止人类干扰、让其自我恢复。

瓜纳卡斯特自然保护区恢复到原来的状态，至少需要 200～300 年的时间，但是由于当地的自然特征、气候变化和人类活动，它却很难回到原来的状态。恢复生态系统和生物文化多样性既需要有启动经费（购买土地、雇用当地训练有素的工作人员），也需要有后续的管理经费，这些经费来源于政府财政预算和各界捐赠的资金。与此同时，国家还应下放管理权给地方政府。瓜纳卡斯特自然保护区的实践告诉我们：如果有好的政策和充足的资金的支持，人们有能力在一个复杂的热带区域内开展恢复生态系统和生物文化多样性的工作。

图 25.8 展示了同一地点在开展森林恢复工作前后的差别。其间，这里也开展了森林防火工作，附近未受干扰的热带干旱森林内植物的种子自然散播到这块地上。这一过程也发生在数万公顷的干旱森林、云雾森林和雨林中。

图 25.8　有数百年历史的牧场中的草被引入干旱森林（左图）及开展森林恢复20年后的景象（右图）（据 D. H. 詹曾）

案例十　工业遗址内泥炭沼泽恢复（爱尔兰）（撰写人：凯瑟琳·法雷尔，国际泥炭学会）

大西洋泥炭沼泽位于爱尔兰的西海岸和苏格兰。20 世纪 50 年代，6500 hm^2 的泥炭沼泽被开发利用，生产工业泥炭产品。这一行为破坏了表层植被和泥炭层，开采时间长达五十年之久。2003 年开采工作停止后，经历长时间抽干、压实和开发后的泥炭层已经变得很浅，这里几乎没有植被覆盖。

在爱尔兰生产工业泥炭产品需要先通过排污许可证管理机构的审批。其中一个要求就是工厂在开采结束后必须开展修复工作。1996～2001 年，人们对这个地方开展了基准库存调查，结果显示：对剩余的泥炭沼泽补水保湿后，这个地方又重新长出了植被。这些调查揭示了修复工作的效果。

为了让干涸的泥炭沼泽恢复湿润，采取的主要方法是填埋排水沟和修建泥炭基坑。这项工作开始于 2001 年，于 2005 年结束。人们在 6500 hm^2 的沼泽地上使用了推土机、挖掘机等重型设备。图 25.9 展示了最终的效果。对原先裸露的泥炭沼泽进行补水保湿促进了植被的大面积再生，增加了生物多样性，也减少了温室气体的排放。

图 25.9　未修复（左图）和修复后（右图）的泥炭沼泽（据 C. 法雷尔）

左图：开采后的泥炭沼泽几乎裸露，那时还没有开展修复工作，拍摄于 2003 年；右图：12 年后的同一个地方，此时沼泽地上已经出现了泥炭藓和东方羊胡子草群落，拍摄于 2015 年

珍稀鸟类不仅在此地繁衍，也飞抵此地越冬。长期监测对观测变化过程至关重要，也可以确保工作能最终取得成功。与执法机构和当地社团进行磋商也至关重要，有利于工作顺利开展下去。

案例十一　克里斯贝奇河流修复（瑞士）（撰写人：克里斯托弗·罗宾孙，瑞士联邦水科学技术研究所）

位于瑞士苏黎世附近的克里斯贝奇河是一条典型的低地河。河流流经一个有农业的城市地区。河流渠道化，与此同时，人们加固了河床底和河岸并修建了河堤，用以提高排水能力和降低洪水威胁。这条河流经瑞士联邦水科学技术研究所（Eawag）所在地。修复这个区域不仅是为了建造科研和教学一体化的开放实验室，也是为了给当地提供更美观舒适的生活环境。

修复工作需要有研究员、工程师、社会学家、联邦政府、地方政府的参与，他们要充分讨论，有时也需要广大民众参与到讨论中。工作开始后，项目人员着手恢复河道蜿蜒性、修建人工岛、修整河流边渠以及在河道内创造空间异质性（卵石、大的木质碎屑）。河底的水泥板被搬走，这样增加了地表水和地下水的相互作用，但是为了防洪，河堤被保留了下来。河岸带种上了当地水生植物和灌木（如柳树、桤木），这为爬行动物和两栖动物提供了适宜的栖息地。项目人员建造了一个供公众使用和现场教学的露天剧院，它成了人们欣赏河边风景的好去处。

这个地方成了公众来访和现场教学的热门地。人们经常在河岸边欣赏风景或简单地吃顿午饭。河岸带上郁郁葱葱的本地植物吸引了各种各样的鸟类和水生昆虫。鸭子和苍鹭也成了这个地方的常客。修整河流边渠和增加河道内空间异质性所取得的修复效果可以通过观察鱼类数量得到，14 种鱼类出现在这条河中。一个坐落于河边的大型水族馆收集、饲养了这条河流中的各种鱼类，并向公众展览。修复区内还设有很多信息板向公众提供信息。

从克里斯贝奇河流修复中积累的经验是：河流经历修复后所呈现的优美环境会吸引许多人前来欣赏。修复工作开展前，该区域基本上没有游客前来参观。将美学融入生态修复项目的一大优点就是：河流修复工作结束后，它所呈现出的美景是城市景观中一道亮丽的风景线，不仅成为公众休闲的好去处，也提高了生态完整性（图 25.10）。

图 25.10　开展修复前（左图）和修复后的克里斯贝奇河（右图）（据 C. 罗宾孙）

案例十二　麦诺克河流修复（英国）（撰写人：刘俊国）

麦诺克河位于曼彻斯特东部克莱顿。19 世纪 70 年代，麦诺克河发生洪水。1909 年，为了应对洪水灾害和其他一些环境问题，人们用砖块对麦诺克河的 2 km 河道进行了护砌（图 25.11）。由于河道被改造和开凿，出于对公众安全的考虑，河流周围不允许人们靠近（图 25.12 左图）。英国环境部联合曼彻斯特市议会、艾威尔河信托基金机构和 Groundwork 公司一起在克莱顿开展了一个 350 m 河道修复试点项目，项目达到了《欧盟水框架指令》的要求，《欧盟水框架指令》确保了后续维护工作的顺利进行。现在河流周围的土地上有一个著名的公园，这个公园获得了环保绿旗奖，吸引了周围地区数以千计的游客。

图 25.11　工业活动造成麦诺克河流水位下降（据 O. 索思盖特）

在这个获奖的项目中，砖块被移除、河道被扩宽，河道流量增加、生境多样性增加。这样做的结果是：生态效益和社会效益同步提升，公共安全隐患降低，经济发展，教育机会增多以及洪水威胁降低（图 25.12 右图）。通过改造一些陡峭的混凝土堤岸和铺设河床底质，河道的生态连通性和生态功能慢慢恢复起来。修复项目各项计划的制定是参考了河流在郊区没有被砖块护砌的河段的情况。由于开展修复的河道区域和参考河道区域情况相似，项目人员也把参考河道区域内的各种动植物引入开展修复的河道区域。

图 25.12 流经菲利浦公园的麦诺克河未开展生态修复（左图）和开展了生态修复（右图）的河段（拍摄于 2015 年；据刘俊国）

利益相关者从早期就参与到项目中。如果没有他们的大力支持，项目可能不会引起公众的注意，也不会取得社会效益和经济效益“双丰收”。社会经济效益的提升是项目的重要推动力。

参考文献

刘昌明，钟骏襄. 1978. 黄土高原森林对年径流影响的初步分析. 地理学报, (2): 112-127.
刘俊国，崔文惠，田展，等. 2021. 渐进式生态修复理论. 科学通报, 66(9): 1014-1025.
马雪华. 1987. 四川米亚罗地区高山冷杉林水文作用的研究. 林业科学, 23(3):253-265.
马雪华. 1993. 森林水文学. 北京：中国林业出版社.
杨海军，孙立达，余新晓. 1994. 晋西黄土区森林流域水量平衡研究. 水土保持通报, (2):26-31.
周晓峰，李庆夏，金永岩. 1994. 帽儿山、凉水森林水分循环的研究. 见：周晓峰. 中国森林生态系统定位研究. 哈尔滨：东北林业大学出版社: 317-331.
Aronson J, Alexander S. 2013. Ecosystem restoration is now a global priority: time to roll up our sleeves. Restoration Ecology 2: 293-296.
Aronson J, Milton J S, Blignaut J N, et al. 2007. Restoring Natural Capital: Science, Business and Practice. Washington, DC: Island Press.
Aronson J, Blignaut J N, de Groot R, et al. 2010. The road to sustainability must bridge three great divides. Annals of the New York Academy of Sciences (Special Issue, Ecological Economics Reviews), 1185: 225-236.
Aronson J, Clewell A, Moreno-Mateos D. 2016. Ecological restoration and ecological engineering: complementary or indivisible? Ecological Engineering: the Journal of Ecotechnology, 91:392-395.
Bailey R G. 2009. Ecosystem Geography (Second ed). New York: Springer.
Bainbridge D. 2007. A Guide for Desert and Dryland Restoration. Washington, DC: Island Press.
Bautista S, Aronson J, Vallejo V R. 2009. Land restoration to combat desertification: innovative approaches, quality control and project evaluation. Paterna, Spain: Fundación Centro de Estudios Ambientales del Mediterraneo-CEAM.
Bennet G, Carroll N. 2014. Gaining Depth: State of Watershed Investment 2014. Washington, DC: Forest Trends' Ecosystem Marketplace.
Bush J, Miles B, Bainbridge B. 2003. Merri Creek: managing an urban waterway for people and nature. Ecological Management and Restoration, 4: 170-179.
Cabin R J. 2011. Intelligent Tinkering: Bridging the Gap between Science and Practice. Washington DC: Island Press.
Cabin R J. 2013. Restoring Paradise, Rethinking and Rebuilding Nature in Hawai'i. Honolulu:

University of Hawai'i Press.
Chen M, Liu J. 2015. Historical trends of wetland areas in the agriculture and pasture interlaced zone: a case study of the Huangqihai Lake Basin in northern China. Ecological Modelling, 318: 168-176.
Clewell A F, Aronson J. 2006. Motivations for the restoration of ecosystems. Conservation Biology, 20: 420-428.
Clewell A F, Aronson J. 2007. Ecological Restoration: Principles, Values and Structure of an Emerging Profession. Washington, DC: Island Press.
Clewell A F, Aronson J. 2008. Ecological restoration: principles, values, and structure of an emerging profession. Ecological Management & Restoration, 9(3): 236-237.
Clewell A F, Aronson J. 2013. Ecological Restoration: Principles, Values and Structure of an Emerging Profession, Second Edition. Washington, DC: Island Press.
Clewell A F, Rieger J, Munro J. 2005. Guidelines for Developing and Managing Ecological Restoration Projects, 2nd ed. Tucson: Society for Ecological Restoration International.
D'Antonio C M, Chambers J C. 2006. Using ecological theory to manage or restore ecosystems affected by invasive plant species. In: Falk D A, Palmer M A, Zedler J B (eds). Foundations of Restoration Ecology. Washington, DC: Island Press: 260-279.
Doyle M, Drew C A. 2008. Large-scale Ecosystem Restoration: Five Case Histories from the United States. Washington, DC: Island Press.
Dutch S I. 2009. The largest act of environmental warfare in history. Environmental & Engineering Geoscience, 15(4): 287-297.
Egan D, Howell E A. 2001. The Historical Ecology Handbook, A Restorationist's Guide to Reference Ecosystems. Washington, DC: Island Press.
Eisenberg C. 2010. The Wolf's Tooth: Keystone Predators, Trophic Cascades, and Biodiversity. Washington, DC: Island Press.
Farley K A, Jobbágy E G, Jackson R B. 2005. Effects of afforestation on water yield: a global synthesis with implications for policy. Global Change Biology, 11(10): 1565-1576.
Fernandes P H, Botelho H S. 2003. A review of prescribed burning effectiveness in fire hazard reduction. International Journal of Wildland Fire, 12: 117-128.
Feng X, Fu B, Piao S. et al. 2016. Revegetation in China's Loess Plateau is approaching sustainable water resource limits. Nature Climate Change, 6: 1019-1022.
Furnish J. 2015. Toward a Natural Forest: the Forest Service in Transition. Corvallis, Oregon: Oregon State University Press.
Gann G D, McDonald T, Walder B, et al. 2019. International principles and standards for the practice of ecological restoration. Restoration Ecology, 27(S1): S1-S46.

Gondard H, Jauffret S, Aronson J, et al. 2003. Plant functional types: a promising tool for management and restoration of degraded lands. Applied Vegetation Science, 6: 223-234.

Gunderson L H. 2000. Ecological resilience: in theory and application. Annual Review of Ecology and Systematics, 31: 425-439.

Hobbs R J, Arico S, Aronson J, et al. 2006. Novel ecosystems: Theoretical and management aspects of the new ecological world order. Global Ecology and Biogeography, 15: 1-7.

Hobbs R J, Higgs E S, Hall C M. 2013. Novel Ecosystems: Intervening in the New Ecological World Order. Oxford, UK: Wiley-Blackwell.

Holling C S. 1973. Resilience and stability of ecological systems. Annual Review of Ecology and Systematics, 4: 1-24.

Hua F Y, Wang X Y, Zheng X L, et al. 2016 Opportunities for biodiversity gains under the world's largest reforestation programme. Nature Communications, 7: 12717.

Kangas P C. 2004. Ecological Engineering Principles and Practice. Boca Raton: Lewis Publishers, CRC Press.

Koch J M. 2007 . Restoring a jarrah forest understorey vegetation after bauxite mining in western Australia. Restoration Ecology, 15(S4): S26-S39.

Kumar P. 2010. The Economics of Ecosystems and Biodiversity: Ecological and Economic Foundations. London and Washington, DC: Earthscan.

Lamb D. 1998. Large-scale ecological restoration of degraded tropical forest lands: the potential roles of tree plantations. Restoration Ecology, 6:271-279.

Lamb D, Gilmour D. 2003. Rehabilitation and restoration of degraded forests. Gland: International Union for Conservation of Nature and World Wide Fund for Nature.

Lamb D, Erskine P D, Parrotta J D. 2005. Restoration of degraded tropical forest landscapes. Science, 310: 1628-1632.

Lara A, Little C, Urrutia R, et al. 2009. Assessment of ecosystem services as an opportunity for the conservation and management of native forest in Chile. Forest Ecology and Management, 258: 415-424.

Lary D. 2001. Drowned Earth: the strategic breaching of the Yellow River dyke, 1938. War in History, 8(2): 191-207.

Lavorel S, McIntyre S, Landsberg J, et al. 1997. Plant functional classification: from general groups to specific groups based on response to disturbance. Trends in Ecology and Evolution, 12: 474-478.

Lefcheck J S, Byrnes J E K, Isbell F, et al. 2015. Biodiversity enhances ecosystem multifunctionality across trophic levels and habitats. Nature Communications, 6: 6936.

Little C, Lara A. 2010. Ecological restoration for water yield increase as an ecosystem service in forested watersheds of South-central Chile. Bosque, 31: 175-178.

Liu J, Zang C, Tian S, et al. 2013. Water conservancy projects in China: achievements, challenges and way forward. Global Environmental Change, 23(3): 633-643.

Liu J, Calmon M, Clewell A, et al. 2017. South-south cooperation for large-scale ecological restoration. Restoration Ecology, 25(1): 27-32.

Liu J, Dou Y, Chen H. 2024. Stepwise ecological restoration: a framework for improving restoration outcomes.Geography and Sustainability, 5: 160-166.

Lugo A E, Brown S L, Dodson R, et al. 1999. The Holdridge life zones of the conterminous United States in relation to ecosystem mapping. Journal of Biogeography, 26(5): 1025-1038.

Martin J, Maris V, Simberloff D S. 2016. The need to respect nature and its limits challenges society and conservation science. Proceedings of the National Academy of Science, USA, 113(22): 6105-6112.

McDonald T. 2000. Resilience, Recovery and the Practice of Restoration. Ecological Restoration, 18: 10-20.

McDonald T, Gann G D, Jonson J, et al. 2016a. International standards for the practice of ecological restoration—including principles and key concepts. Washington: Society for Ecological Restoration, 2016: 1-47.

McDonald T, Jonson J, Dixon K W. 2016b. National standards for the practice of ecological restoration in Australia. Restoration Ecology, S1: 1-34.

Millennium Ecosystem Assessment. 2005. Ecosystems and Human Well-being: Synthesis. Washington, DC: Island Press.

Mitsch W J. 2014. When will ecologists learn engineering and engineers learn ecology? Ecological Engineering, 65: 9-14.

Mitsch W J, Jørgensen S E. 2004. Ecological Engineering and Ecosystem Restoration. New Jersey: Wiley.

Morrison M. 2010. Wildlife Restoration: Ecological Concepts and Practical Applications, 2nd ed. Washington, DC: Island Press.

Naeem S, Li S. 1997. Biodiversity enhances ecosystem reliability. Nature, 390: 507-509.

Nesmith J C B, Caprio A C, Pfaff A H, et al. 2011. A comparison of effects from prescribed fires and wildfires managed for resource objectives in Sequoia and Kings Canyon National Parks. Forest Ecology and Management, 261: 1275-1282.

Odum H T. 1983. Systems Ecology: An Introduction. New York: John Wiley & Sons.

Palmer M A, Liu J, Mattews J H, et al. 2015. Manage water in a green way. Science, 349(6248): 584-585.

Palmer M A, Zedler J B, Falk D A. 2016. Foundations of Restoration Ecology. Washington, DC: Island Press.

Pausas J G, Keeley J E. 2009. A burning story: the role of fire in the history of life. BioScience, 59: 593-601.

Reiss J, Bridle J R, Montoya J M, et al. 2009. Emerging horizons in biodiversity and ecosystem functioning research. Trends in Ecology and Evolution, 24: 506-514.

Richardson D M, Pysek F D, Rejmánek M, et al. 2000. Naturalization and invasion of alien plants: concepts and definitions. Diversity and Distribution, 6: 93-107.

Rieger J, Stanley J, Traynor R. 2014. Project Planning and Management for Ecological Restoration. Washington, DC: Island Press.

Robbins A S T, Harrell S. 2014. Oaradoxes and challenges for China's forests in the reform era. The China Quarterly, 218: 381-403.

Rodrigues R R, Gandolfi S, Nave A G, et al. 2011. Large-scale ecological restoration of high diversity tropical forests in SE Brazil. Forest Ecology and Management, 261: 1605-1613.

Rosenfeld J S. 2002. Functional redundancy in ecology and conservation. Oikos, 98: 156-162.

Sanderson E W, Jaiteh M, Levy M A, et al. 2002. The human footprint and the last of the wild. BioScience, 52: 891-904.

SER. 2004. The SER international primer on ecological restoration, version 2. society for ecological restoration. SER Science & Policy Working Group, http://www.ser.org/resources/resources-detail-view/ser-international- primer-on-ecological-restoration [2016-03-15].

Shono K, Cadaweng E A, Durst P B. 2007. Application of assisted natural regeneration to restore degraded tropical forestlands. Restoration Ecology, 15: 620-626.

Soliveres S, van der Plas F, Manning P, et al. 2016. Biodiversity at multiple trophic levels is needed for ecosystem multifunctionality. Nature, 536(7617): 456-459.

Sukhdev P. 2012. Corporation 2020: Transforming Business for Tommorow's World. Washington, DC: Island Press.

Sun G, Liu S, Zhang Z, et al. 2008. Forest hydrology in China: introduction to the featured collection. Journal of the American Water Resources Association, 44(5): 1073-1075.

Tansley A G. 1935. The use and abuse of vegetational concepts and terms. Ecology, 16: 284-307.

Taylor A H, Scholl A E. 2012. Climatic and human influences on fire regimes in mixed conifer forests in Yosemite National Park, USA. Forest Ecology and Management, 267:144-156.

Tongway D J, Ludwig J A. 2011. Restoring Disturbed Landscapes: Putting Principles into Practice. Washington, DC: Island Press.

Trac C J, Harrell S, Hinckley T M, et al. 2007. Reforestation programs in Southwest China: reported success, observed failure, and the reasons why. Journal of Mountain Science, 4: 275-292.

Trac C J, Schmidt A H, Harrell S, et al. 2013. Is the returning farmland to forest program a success? Three case studies from Sichuan. Environmental Practices, 15: 350-366.

Wackernagel M, Rees W E. 1996. Our Ecological Footprint: Reducing Human Impact on the Earth. Gabriola Island: New Society Publishers.

Wackernagel M, Schulz N B, Deumling D. 2002. Tracking the ecological overshoot of the human economy. Proceedings of the National Academy of Science USA, 99: 9266-9271.

Wei X H, Zhou X F, Wang C K. 2003. Impacts of the temperate forests on hydrology, northeast of China. Forest Chronicle, 79: 297-300.

Wei X H, Sun G, Liu S, et al. 2008. The forest-streamflow relationship in China: a 40-year retrospect. Journal of the American Water Resources Association, 44(5): 1076-1085.

Whisenant S G. 1999. Repairing Damaged Wildlands: A Process-orientated, Landscape-scale Approach. Cambridge: Cambridge University Press.

White P S, Walker J L. 1997. Approximating Nature's variation: selecting and using reference information in restoration ecology. Restoration Ecology, 5: 338-349.

WWF (World Wide Fund). 2012. Living planet report 2012. World Wide Fund (WWF) for Nature International, Gland, Switzerland.

Yin R, Yin G. 2010. China's primary programs of terrestrial ecosystem restoration: initiation, implementation, and challenges. Environmental Management, 45: 429-441.

附录1　河流渐进式生态修复导则

本导则明确了河流渐进式生态修复的基本原则、总体流程、工作内容和方法。适用于河流生态修复工作，湖泊、水库、湿地或流域等生态修复可参照执行。

基本原则

1）尊重自然、顺应自然、保护自然原则

尊重自然的发展规律，坚持自然恢复为主，自然恢复与人工修复相结合的系统治理，帮助河流生态系统恢复并持续提高河流自组织性、适应性和进化的能力，强调重建原生生物种群，发挥河流生态系统的自我修复能力，实现生态系统恢复。

2）人与自然和谐共生原则

坚持山水林田湖草生命共同体，坚定生产发展、生活富裕、生态良好的文明发展道路，秉持合理性、友好性、保护性开发利用自然理念，使自然环境提供更多优质生态产品以满足人民日益增长的美好生态环境需要。

3）目标量化、全过程监测原则

明确修复范围，确定受损河流的状态，选择量化可行的指标，利用多种技术方法进行修复前、实施中以及完成后河流关键生态属性指标的有效监测，以记录不同阶段河流生态属性的变化，跟踪河流生态修复进程，评估河流生态修复成效。

4）统筹协调、系统治理原则

按照流域系统治理思路，综合考虑河道-河岸-区域-流域不同尺度和河流上、中、下游不同生态过程的相互作用，将各修复单元有机结合，统筹河流生态系统各要素的整体保护和系统修复，确保河流生态系统服务功能，保护生物多样性。

5）利益相关方参与原则

确定生态修复的利益相关群体，考虑和尊重不同相关方的利益诉求、关切、期望和影响力，积极为河流生态修复利益相关方提供可行的沟通渠道和有效的参与机会，实现自然和社会互惠互利、共赢发展。

总体流程

河流渐进式生态修复总体流程应符合附图 1.1，包括现状评价与问题诊断、编制生态系统状况报告、明确阶段修复目标、确定参考生态系统、选择修复模式与修复措施、成效评估、后期管护、档案管理等部分。关键环节和具体任务宜符合附录 2 规定。

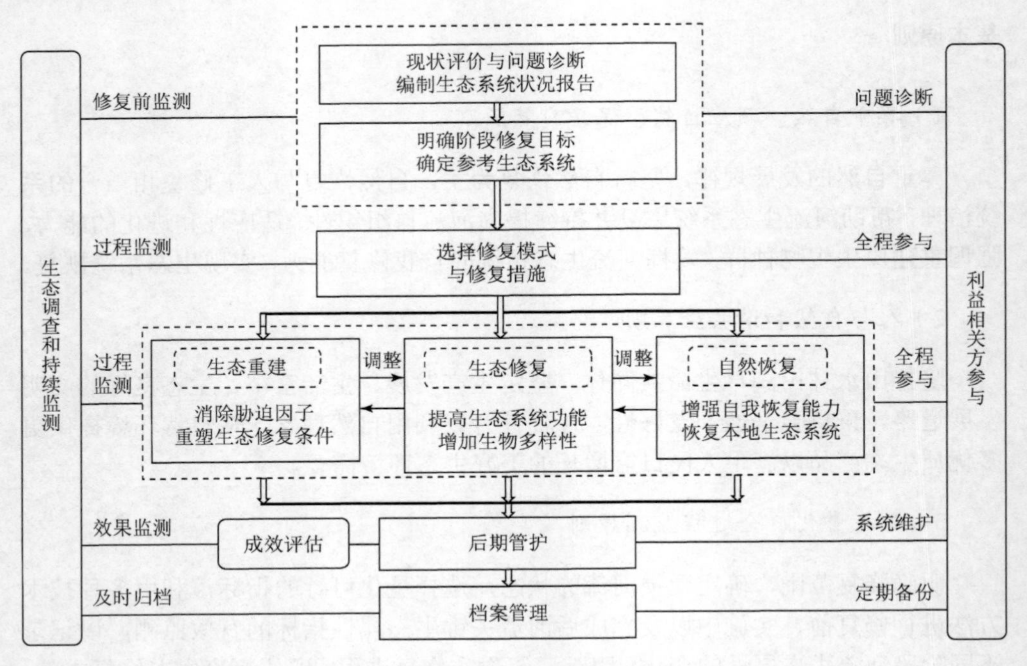

附图 1.1 河流渐进式生态修复总体流程

分析诊断

1. 调查目的和范围

1.1 调查目的：识别生态系统受损程度和退化驱动因子；明确修复对象基准条件；筛选参考生态系统。

1.2 调查范围。

（1）在河流生态修复开展前应开展生态调查，包括收集整理资料，调查修复对象和参考生态系统的基准条件，确定二者的相似性和差异性。

（2）生态修复初期，应编制河流生态系统状况报告，内容主要包括生态系统结构和功能受损状况，分析多尺度人为和气候影响因子。

（3）资料收集范围宜包括反映河流水系演变的历史和现状资料；结合行政区划、水资源区划、主体功能区划、生态功能区划、水功能区划、生态保护红线和自然保护地范围、水系连通调度区域等合理确定。

2. 监测目的和范围

2.1 监测目的：准确、及时、全面掌握河流生态系统状况及其变化趋势。

2.2 监测范围

（1）在河流生态修复开展前、实施中和完成后，应开展全过程生态监测。

监测时间范围全过程监测，宜春、夏、秋、冬各一次，可根据相关标准规范针对不同监测对象选择不同的监测频次。生态修复开始前，应确定可监测指标。生态修复开展期间，应进行监测数据收集、处理、记录、归档和分析，制定适应性管理措施。生态修复完成后，应坚持长期监测，以检查指标达成度或修复生态系统是否存在退化等。

（2）监测空间范围宜包括河流生态修复现场区域、参考生态系统区域，及其上下游一定距离内的河段和河道周边受生态修复行为影响的区域。

3. 调查监测方法和内容

3.1 调查监测方法。

调查和监测方法宜包括收集、整合历史文献、统计资料。开展现场调查。必要时可利用生态大数据、实地监测、卫星遥感、无人机监测、地理信息系统、全球定位系统、云计算、实验室试验等技术手段。

3.2 调查和监测内容。

调查和监测宜包括以下内容。

区域自然气象条件：包括气候、气象、地形地貌、地质等历史变迁和卫星影像数据。

社会经济和区域自然资源利用情况：包括社会经济发展情况、相关发展规划、历史文化特点、移民、利益相关方等。

胁迫因子：包括污染源类型及负荷，水利、交通等涉水工程，外来入侵动物、植物物种的种类、范围及现有量，超量用水、水资源开发利用率和生态型缺水等。

河流非生物环境：河流平面、横向、纵向形态以及连通性、基底构成等；水量、水位、水深、泥沙、流量、流速及流向、水温、冰凌、地下水等状态变化；岸线自然状况、水利工程设施分布、拦河闸坝概况；调查河流沿岸土地利用现状，特别是植被破坏和水土流失情况；河流水质状况、底泥污染程度、河流自净能力；调查水体功能和各类水功能区的分布，特别是饮用水源地和重点水源保护区、湿地自然保护区等各类自然保护地的分布等。

物种组成：包括河岸带与水体中植物、浮游生物、底栖生物、鱼类、两栖类、水鸟等，关注数量显著减少或多年未见历史记录的物种、需要控制或根除的外来入侵物种和潜在入侵物种等。

结构多样性：包括营养级健全、植物分层以及体现空间镶嵌情况的斑块大小、形状、分布等特征决定的空间异质性合适等。

生态系统功能：包括生态弹性、生境/相互作用、生产力/循环，主要通过监测抵抗周期性压力干扰的能力、动植物生长和繁殖产生的生物量的速率、能量流动、物质循环和信息传递等方面来实现。

外部交换：包括栖息地链接、基因流、景观流等。

4. 识别利益相关方

（1）基于利益-影响矩阵，进行利益相关方的选择、识别、分类和利益相关方之间的关系调查，确定河流生态修复利益相关方的诉求、关切、期望和影响力。

（2）河流生态修复利益相关方宜包括流域主管部门、河长、上下游地方政府和企业、参建各方、涉水方、投资机构、科研机构、社会组织、社区、媒体、公众和非政府环保组织等。

（3）河流生态修复前，应广泛宣传，举行相关活动，邀请利益相关方代表参与修复目标确定、修复模式和修复措施选择等活动。

（4）河流生态修复中，安排利益相关方参与生态修复工作，有计划安排新闻发布会和一些交流活动（座谈会、现场体验等），向利益相关方通报项目进度，收集各方意见和建议，维护公众利益和保障公众参与度。

（5）河流生态修复完成后，举行庆祝活动，确保公众了解和知晓项目完成，表明项目为公众服务的宗旨，并传达修复成效需要长期维护、管理和保护的理念，邀请各方参与或监督项目后期维护工作。

（6）修复完成的河流可以作为休闲娱乐场所和环境教育基地，吸引公众积极支持和参与河流生态修复，合理利用河流生态系统。

5. 诊断河流生态状况

5.1 诊断路径：收集河流生态系统状况和调查监测结果→应用构成生态修复花的诊断评价指标体系，综合分析判断河流生态系统状态→确定生态系统受损程度及人类干扰强度→明确不同阶段修复目标并确定参考生态系统→选择合适生态修复模式→结合当地的社会、经济、技术等约束条件评估可修复性。

5.2 诊断指标：诊断指标宜结合流域规划，统筹考虑水环境、水资源、水生态等要素，河流生态修复诊断评价指标体系见附表 1.1。

附表 1.1　河流生态修复诊断评价指标体系

生态属性	主要内容	说明
胁迫因子	污染	河流的点源和面源污染情况
	外来物种	外来入侵动物、植物物种的种类、范围及现有量
	过度利用	超量用水、水资源开发利用率、生态型缺水等
非生物环境	水物理、化学性质	河流水文、水质参数
	基底物理性质	河床地质地貌以及沉积物结构、组成和淤积厚度等
	基底化学性质	沉积物中营养物质、有机物、重金属、病菌等含量
物种组成	没有不合适的物种	物种丰富，能相互适应，并组成稳定共存的群落
	合适的动物	本地鱼类、底栖动物、浮游动物、水鸟等物种数
	合适的植物	本地河岸带与水体中植物等物种数
结构多样性	空间镶嵌合适	斑块大小、形状和分布等特征决定的空间异质性合适
	营养级健全	食物网中生产者、食草动物、捕食者和分解者等具有健全的营养级关系
	植物分层明显	乔灌草及挺水植物、浮水植物、沉水植物分层明显，特征种优势明显
生态系统功能	生产力/循环	动植物生长和繁殖产生的生物量的速率；水循环、碳氮硫磷等物质循环
	生境/相互作用	结构复杂的河流促进生态位演化和生境类型多样化
	生态弹性	具有抵抗周期性压力干扰的能力，能实现自我恢复
外部交换	栖息地链接	原本孤立的栖息地区域之间的联系，这些区域可为动物提供日常和季节性活动，促进基因流动、扩散，维持生态过程的流动等
	基因流	个体生物体之间遗传物质的交换，维持物种种群的遗传多样性
	景观流	能量、水、火和遗传物质的流动

5.3　对照参考生态系统，结合 Standards Reference Group SERA（2021）五星评级，做出轻度退化、退化、受损、严重受损、重度破坏的诊断。

5.4　诊断结论应结合附表 1.1 指标和附录 B 评级得分，按附表 1.2 确定。

附表 1.2　河流生态系统诊断结论

评级得分	0～5	6～7	8～10	11～13	14～15
诊断结论	重度破坏	严重受损	受损	退化	轻度退化
修复模式	生态重建	生态修复		自然恢复	

6. 明确修复目标

6.1　河流生态修复目标应包括可量化的总体目标和不同修复模式的具体目标。

（1）总体目标是恢复河流生态系统的各种生态过程，使其具有弹性、生物多样性、自组织性，可以自我维持、提供生态系统服务。

（2）自然恢复的具体目标是采用较少的干预将河流生态系统恢复到能够维持过程、功能和服务的状态。

（3）生态修复的具体目标是在人工措施辅助下，完善河流生态系统功能，提高生态系统弹性。

（4）生态重建的具体目标是减少环境污染和生态破坏，修补河流空间，为实现河流生态系统有足够的生物资源提供适宜的非生物环境条件以及与周边景观的良性交互作用。

6.2 规划设计阶段，应明确特定的和可测量的指标来判断河流生态系统不同修复模式的达到的目标，体现在生态系统的生态属性指标向好发展。生态修复目标应帮助生态系统沿着生态恢复轨迹前进，实现从低等级到五星级的恢复状态。

6.3 修复实施中，应根据实际监测情况进行目标的调增或调减。

7. 确定参考生态系统

（1）河流参考生态系统的状况应与退化前的河流生态系统状况类似，可作为制定修复策略和计划的依据。

（2）理想的参考生态系统应该是多个生态系统的组合。

（3）河流参考生态系统可以是一个实在的地点或者是书面的描述。

（4）描述参考生态系统的资料信息至少应包括 5.2 中的生态属性指标。

（5）确定参考生态系统应考虑人类干扰和气候变化因素。

8. 选择修复模式

8.1 基本要求：应围绕流域治理目标和重点任务，综合考虑流域管理利用现状、相关规划、生态功能定位、生态文明建设等因素，根据生态现状、生态问题、生态目标，针对河流受损状况以及维持和改善生态系统的需求，确定修复模式，见图 9.2。

8.2 自然恢复模式：针对河流生态系统较好、无人为干扰或仅有轻度干扰，或通过生态修复措施、受损生态系统改善很大的河流，被诊断为退化、轻度退化的河流生态系统，宜选择无须人工持续干预、能自我维持恢复的自然恢复模式。

8.3 生态修复模式：针对河流生态系统较差、人为干预严重，被诊断为受损、严重受损的河流生态系统，宜选择人工措施辅助修复生态系统功能、提高生态系统弹性、让河流生物多样性和功能完整性尽可能恢复到参考生态系统的生态修复模式。

8.4 生态重建模式：针对河流生态系统严重恶化、人为干预过度、丧失或基本丧失生态功能，被诊断为重度破坏的河流生态系统，宜选择人工综合治理措施为主、帮助河流生态功能逐步恢复、重塑生态修复条件的生态重建模式。

措施选择

1. 自然恢复措施

（1）对于轻度退化、退化的河流生态系统，应以保护、保持现状生态环境为主，避免和减少人为干扰。

（2）自然恢复宜依靠水体自净能力以及生态系统自我修复能力实现生态系统的自我维持、自我改善和生态功能的更高阶段恢复。

（3）自然恢复宜采取水源涵养、禁渔、禁捕、建立保护区等措施，确保河流休养生息，促进生态系统自然恢复。

2. 生态修复措施

（1）对于受损、严重受损的河流生态系统，应结合自然恢复、消除胁迫因子，采取拟自然治理技术改善河流物理、化学、生物环境，引导和促进生态系统逐步恢复。

（2）生态修复宜通过人工强化手段，对标参考生态系统引入适宜物种，优化调控，恢复生物群落，使河流生物多样性和功能完整性恢复到参考生态系统某一状态。

（3）河道生态修复措施宜选用两岸植树造林、生态护岸、正本清源、水流多样化、修复河流湿地，以及其他植物、动物、微生物及其联合修复措施。

3. 生态重建措施

（1）对于重度破坏的河流生态系统，应以消除胁迫因子为前提，围绕地貌重塑、生境重构、引入本地物种等方面开展生态重建，不同层面的生态重建过程应考虑生态系统尤其是生物物种的兼顾性、共生性和协同性。

（2）地貌重塑适宜于渠道化、水系阻隔、河道萎缩的河流生态系统，主要措施包括河湖水系生态连通、河流平面形态蜿蜒性修复、河滨带保护、断面形状多样性修复、生态型护岸以及采用生态堰、卵石群、固床技术等进行河道内地貌单元生态重建。

（3）生境重构主要措施包括增设人工渔礁，利用树木或不规则石块等制造鱼类繁殖场，使用木桩、铺草、抛石或沉石等模拟自然状态营造生境的方法；在条件允许时，构筑必要的滩、洲、湿地或砾石群等，提升河道的生境多样性；宜适度形成深浅交替的浅滩和深潭序列，构建急流、缓流和滩槽等丰富多样的水流条件及多样化的生境条件。

（4）基于本地水生动植物的引入，构建适宜的先锋动植物群落，促进群落正向演替进程，形成完整的生态系统食物网。

成效评估

1. 基本要求

河流渐进式生态修复成效可采用定量和半定量评估方式。

资料信息齐全且开展详细跟踪监测的项目，应根据修复河流的本底信息、修复目标、监测数据开展定量评估；未开展跟踪监测的修复项目，可采用记录影像、测定面积、物种名录和修复地描述的形式进行半定量评估。

2. 生态修复花

河流生态系统的恢复程度宜用生态修复花评估，见图 19.1，绘制说明参考附录 B。数字 1～5 代表了与河流参考生态系统相比生态系统的修复程度，数字越高代表恢复程度越高。

3. 五星评级方法

河流生态修复效果评估可采用 Standards Reference Group SERA（2021）规定的五星评级方法，见附表 1.3。1～5 星级表示与参考生态系统相似度由低到高的累积梯度。

附表 1.3 五星评级方法描述

生态属性	★	★★	★★★	★★★★	★★★★★
胁迫因子	胁迫因子对河流生态系统影响严重	基本控制胁迫因子，威胁程度缓解	控制胁迫因子，威胁程度有所减轻	控制胁迫因子，威胁程度减轻	完全消除胁迫因子
非生物环境	严重的物理和化学问题得到治理，如污染、侵蚀等	基底化学物理性质逐步稳定到正常范围内	基底属性稳定正常，支持特征生物群生长	基底属性能维持特征物种持续增长和更新	基底物理化学特性与参考生态系统高度相似，可自我维持
物种组成	本地物种约占参考生态系统物种 2%；外来物种入侵严重	特征本地物种约占参考生态系统物种 10%；外来物种已入侵但可控	关键本地物种约占参考生态系统物种 25%；外来物种入侵程度较低	特征生物群约占参考生态系统 60%；种群多样性很高，外来物种入侵程度极低	特征物种占参考生态系统物种 80%以上；与参考生态系统高度相似
结构多样性	存在一个或更少结构分层，没有相应的空间格局或复杂的营养结构	结构分层较多，空间格局和营养结构复杂性低	结构分层更多，空间格局和营养结构复杂性较高	具有所有结构分层，空间格局明显，营养结构复杂性高	具有所有结构分层，空间格局和营养复杂性高，自组织能力与参考生态系统相似
生态系统功能	基底和水文条件处于基础阶段，有能够发展的潜力	基底和水文条件功能正常，有提供栖息地和资源的潜力	有功能复苏迹象，如养分循环、自净能力、提供栖息地和资源等	大量证据表明，生态系统关键功能得以恢复，包括本地物种的繁殖、分散和增补	大量证据表明，具有抗干扰能力，功能和过程朝着参考生态系统发展
外部交换	具有与周边陆生或水生环境交流潜力（物种、基因、水）	与周边生态环境能够联系交流（消除负面因素）	与外部环境的连通性增加，更多物种、流量交换显著	与其他自然区域高度连通，有害物种和不良干扰得到有效控制	与参考生态系统高度相似，景观协调加强

档案管理

1. 设计数字化管理系统：记录每天现场工作和事件，及时收集整理监测数据和过程资料，安全归档，确保随时浏览、检索和查阅；定期进行文件备份，存储在不同设备中。

2. 建立永久性项目档案：河流实现自然恢复是个长期过程，应建立永久性项目档案。河流生态修复档案按附录A.9实施。

附录A　（规范性）河流渐进式生态修复关键环节具体任务

本附录为河流渐进式生态修复关键环节提供普遍适用的具体任务指导。

A.1　编制河流生态系统状况报告。

基于数据资料收集、试样采集与测试、现场调查和监测、综合评价分析，编制河流生态系统状况报告。报告需记录生态系统的受损原因、受损程度和存在的胁迫因子，并描述胁迫因子对生物群落和无机环境的影响。需要收集永久性的图片，如在不同位置（拍摄点）拍摄的图像，用以形象地展示河流生态系统状况。如果项目场地状况复杂多变，则需要对项目场地进行区域划分，项目人员根据各个区域的实际情况制定不同的修复策略。报告必须包括：

（1）列出监测到的鱼类、植物，判断这些动植物是否有助于河流生态系统的恢复；是否需要被清除或控制；通过河流参考生态系统确定需要引入的物种。

（2）评估河流的生态环境状况，如轻度退化、严重受损、重度破坏等。

（3）确定影响河流生态系统恢复的胁迫因子。

（4）注意流域规划和区域土地利用变化。

A.2　确定河流参考生态系统。

河流参考生态系统有助于掌握受损河流生态系统中原有物种组成。描述河流参考生态系统的直接信息包括历史研究报告、未受损河流生态系统中的生物群落状况；也包括相似的、未受干扰的本地河流生态系统情况。间接信息包括照片、历史文档、对当地自然历史和生物群的记录、历史生态数据等。

A.3　消除或控制存在的胁迫因子。

消除或控制河流过度开发利用、点源和面源等污染物继续排入河流、外来物种入侵等不利影响，有助于河流生态修复。

A.4　改善河道环境状况。

河流环境状况应有利于物种生存、生物群落发展和生态系统功能发挥。可根据参考河流的环境状况来确定改善环境状况的目标，相关工作包括：拆除硬化河床的混凝土和部分水库、回填被渠道化的河道、恢复弯曲河道、河道分汊、河流原有的水位季节变化和两岸的河滩、湿地；清除垃圾，降解有毒污染物，去除过量的营养物质、调节酸碱度水平，为所需物种提供适宜的生存条件等。

A.5 引入河流生态系统需要的物种。

如果环境已经发生变化，生物多样性难以恢复到原来状态，有必要合理引入一定数量本地物种，提高生物多样性。关注受损河流生态系统中可能存活下来的植物繁殖体和生长期的动物；构建河流物种库，物种库中恢复的物种可提供功能冗余，能提高河流生态系统的复杂性和弹性。物种恢复顺序以逐渐出现为宜，物种来源以河流内恢复为宜，特别是引入着生藻类、大型底栖无脊椎动物、鱼类等物种有助于河流生态系统的恢复。

A.6 恢复受损河流生态系统中的生物群落结构。

生物群落结构由物种的体型大小、种类、数量和空间分布决定。在某些水生生态系统中，生物群落结构主要取决于更典型或普遍存在的植物种群。在浮游植物占主导地位的水生生物群落中，其结构主要取决于其中的动物种群。植物群落的结构特点包括水平结构的镶嵌性和垂直结构的成层性，结构发育表现为生境多样化、营养级多样化、生存方式特殊化。

A.7 修复后的河流能与毗邻区域重新连接。

开展河流生态修复工作，移除修复河流和毗邻区域之间进行能量流动和物质交换的障碍，整合修复河流与毗邻区域的生态功能；恢复正常的动物活动、水体流动、植物繁殖体的散播、有机质和其他自然物质的交换。

A.8 河流生态系统功能恢复正常。

正常的河流生态系统功能代表着典型水生物种旺盛、群落结构完整、营养级层级完备、矿物质营养循环顺畅、生态系统功能协调等。更普遍和更典型的植物种群健康，并开始以有性繁殖或营养繁殖的方式扩散，群落结构越来越复杂，物种种类逐渐增多等，这些都是生物群落发展到更成熟的表现。河流生态系统功能恢复后，没有后期维护，也能抵御一定强度的干扰，逐步回归其胁迫前的发展轨迹。

A.9 建立永久性项目档案。

河流渐进式生态修复永久性项目档案主要包括以下内容：委托方和主要人员信息；目标和工期；实施边界；资金来源和项目投资；利益相关方参与情况；对河流受损情况的描述以及影像图片记录；参考河流生态系统的确定和调查监测；项目实施、参与人员和设备资料；引入动植物及其来源；受损河流生态系统恢复程度，日常过程影像资料和监测数据等。

档案宜包括河流生态系统是否完全恢复，如果河流监测指标达到五星，或者无需人类协助就可以自然发展，则认为河流生态系统完全恢复。如果生态系统没有外部协助无法继续发展，那么生态系统没有完全恢复，需进一步生态修复。可能未完全恢复的原因包括河流景观与生境破碎、过度开发利用、物种入侵、本地物种未完全适应环境状况变化、河流参考生态系统要素不全等。

附录B （规范性）河流生态修复花绘制说明

B.1 整个河流生态修复花由对称的六个大花瓣和18个小花瓣（以下简称为花蕊）组成，每个大花瓣里包含三个花蕊，花蕊的大小根据星级的情况来表示，五星级的花蕊最大，一星级的花蕊最小，零星级的无花蕊。

B.2 大花瓣与花蕊颜色一致。

B.3 河流生态修复花中的字体颜色为黑色，文字内容要标明每个花瓣（包括花蕊）的含义和评价星级，评价星级用阿拉伯数字表示，如胁迫因子4，生态弹性3。

B.4 花蕊评星方法参照附表1.3，五星为最好等级（按照5分计算），零星为最差等级（按照0分计算），这样，每个花蕊得分在0～5。零星等级的评分需要记录在书面报告中，或在电子表格中用零表示，并在生态修复花中用空格表示。

B.5 大花瓣评分原则。

总分原则：每个大花瓣对应三个花蕊，三个花蕊的评分之和即为总分，最高为15分，最低为0分。

（1）总分15、14分，大花瓣为五星；

（2）总分13、12、11分，大花瓣为四星；

（3）总分10、9、8分，大花瓣为三星；

（4）总分7、6分，大花瓣为两星；

（5）总分5、4、3、2、1、0分，大花瓣为一星。

最差决定原则：不管总分多少，如果有一个花蕊评价为一星或零星，那么整个大花瓣则评为一星或零星。注：这个原则只适用于有一星或零星的花蕊，如果大花瓣的三个花蕊中没有一星或零星级的，那么就以总分来评价大花瓣的星级。

附录 2　委托方、项目负责人、项目总监、项目经理及联络人员任务清单

附录 2 列出了委托方、项目负责人、项目总监、项目经理以及联络人员要做的事情。在有些项目中，一个人可能身兼数职。承担许多工作的人不可能亲自完成每一项工作，但是他们对工作人员在其指导下进行的工作具有监管的职责，并对项目的最终质量负责。

委托方一般会把自己的工作委托给专门的监管机构，可能是某个公司或行政主管部门等，这部分内容在第九章进行了阐述。项目负责人管理项目中的非技术类任务。项目总监负责项目的规划、实施和技术类任务。

项目负责人可根据实际情况增减一些职位。下面所列出的每个职位的工作任务在实际的生态修复项目中，特别是在小型生态修复项目中，并非都会出现。Clewell 等（2005）按照项目从开始到结束过程中的实际需要列出了这些职位和其对应的工作任务。

委托方

（1）任命项目负责人和项目总监。

（2）根据项目总监的建议确定项目场地的边界。

（3）根据项目总监的建议确定目标生态系统和项目目标。

（4）根据项目总监的建议确定生态修复要达到的效果。

（5）与项目负责人和项目总监一起监督项目的设计理念，以确定：

- 可消除的胁迫因子；
- 合适的参考；
- 利益相关方关心的问题；
- 后勤问题、技术问题和法律问题；
- 政府审批流程；
- 资金来源；
- 如何使被修复的生态系统在未来免受威胁。

（6）在完成项目设计理念的基础上确定项目的可行性。

（7）出席公共活动并告知公众项目的目的。

项目负责人

（1）建立项目管理部门并聘请职员。
（2）设立银行账户。
（3）筹集资金。
（4）根据需要进行筹款和放款。
（5）与项目总监一起制定项目预算。
（6）建立财务审计工程流程。
（7）准备合同和采购清单以及预留资金用于聘请专家和其他专业人员。
（8）制定采购流程，统计需要购买和租赁的设备以及需要购买的易耗品。
（9）根据项目总监的建议雇用相关技术人员。
（10）建立人事档案和制定工作考核标准。
（11）建立薪资发放标准。
（12）根据项目需要，作为联络人员与政府部门进行沟通。
（13）安排相关人员提供法律服务和咨询服务。
（14）准备项目所需的审批材料。
（15）征求政府部门意见。
（16）合理安排工作岗位。
（17）根据需要购买责任险和其他保险。
（18）进行关于地役权和财产所有权转让的谈判。
（19）经常与项目总监和项目经理进行沟通，确保技术类工作能顺利进行。
（20）要求项目总监和项目经理及时处理预算问题、人事问题、分工问题、审批问题、采购问题和其他影响项目实施的问题。
（21）在项目结束后，将需要永久保存的文件和照片归档好，并交给一个专门的机构，以供随时查阅。

项目总监

（1）向项目负责人推荐项目经理、联络人员、科学家、现场作业人员和现场实习人员。
（2）确定目标生态系统，并将相关信息提供给委托方。
（3）确定项目目标，并将其提供给委托方。
（4）在项目前期根据需要处理技术类问题、公共事务、机构事务和财务问题。
（5）安排基准库存调查工作并监督调查工作的执行情况。

（6）准备生态基准调查报告，并附上照片。

（7）选择或批准由他人确定的参考区域。

（8）调查并保护参考区域。

（9）选择关于参考区域的间接信息。

（10）准备参考模型。

（11）制定修复策略。

（12）安排规划人员进行项目规划。

（13）制定短期目标，并将其作为判断项目完成程度的标准（成功标准）。

（14）确定监测方法和数据分析方法，以便分析监测数据。

（15）在项目设计阶段对项目目标进行评审，并提供修改意见给委托方。

（16）查阅规划人员提供的项目实施计划。

（17）根据需要，监管项目场地内的苗圃园的建设情况和人员配置情况。

（18）指定要收集或采购的植物种子的种类和数量，以及检查植物种子的来源和质量。

（19）确定需要引入项目场地内的各种动物。

（20）向项目经理说明项目实施计划。

（21）安排日常监测工作。

（22）准备监测报告。

（23）安排后期维护工作。

（24）根据实际情况，开展中期考核。

（25）确定是否需要开展适应性管理。

（26）确定生态系统何时会恢复自组织性和何时结束现场工作。

（27）确保政府部门了解现场工作进展。

（28）向委托方和承担项目后续管理工作的人员告知需要开展哪些工作。

（29）发表一个简短的项目报告（或更长的文章），同时确定永久保存项目档案的位置。

（30）准备最终的技术报告以备案存档，内容包括：

- 项目地点、规模、委托方、开展项目的依据和资金来源；
- 基准库存报告、参考模型的各项信息以及项目实施计划；
- 引入的动植物的种类、数量和来源；
- 利益相关方和志愿者参与的情况；
- 重要工作任务的开展日期；
- 各阶段的监测报告；
- 项目完成情况；

- 照片；
- 吸取的教训和累积的经验。

项目经理

（1）与项目总监进行讨论并熟悉项目规划。

（2）根据项目总监安排，在项目前期，担任基准库存调查工作和参考区域选择工作的协调员。

（3）熟悉项目的实施计划。

（4）确保项目场地的边界清晰可见。

（5）确保项目所需的围栏已经安装完毕。

（6）确保项目场地有足够的出入口。

（7）确保有足够的预留场地用于存放物资、停放车辆、储备饮用水和食物、搭建洗手间和医疗室。

（8）熟悉各种工具和机械设备的使用方法，能排除机械设备故障和现场维修机械设备。

（9）管理、安排以及协调日常的现场工作。

（10）安排相关人员开展现场工作，给他们分配现场工作并做好协调工作，相关人员包括现场作业人员、现场实习人员、科学家、合同工以及志愿者等。

（11）安排相关人员运输工具、设备和物资，种植苗木以及引入动物。

（12）确保现场工作人员遵守相关规定。

（13）确保项目开支得到批准并且在预算范围内。

（14）与现场工作人员的主管就项目流程和项目现场安全问题进行沟通。

（15）经常与项目总监就现场工作、存在的问题和不利因素进行沟通。

（16）做好突发事件的应急措施，突发事件有天气突变，交货延误，人员缺勤，设备故障等，以防拖延项目进度。

（17）对突发事件快速反应。

（18）如果没有专门的安全员，则负责安全事务。

（19）如果没有专门的培训人员，则负责培训项目人员。

（20）经常检查项目现场和项目工作并发现问题。

（21）定期检查项目场地周边情况，并发现影响项目进行的不利因素。

（22）与联络人员一起安排公众、学校团体、政府工作人员和新闻媒体的访问活动。

（23）协调监测工作。

（24）整理所有记录项目现场工作的照片并归档。

（25）整理所有记录项目现场工作的文档并归档。

联络人员

（1）准备并发布关于拟建项目的新闻稿。

（2）了解所有的利益相关方，包括个人和组织，并获得他们的联系方式。

（3）在确定项目设计理念过程中，把重要利益相关方关心的问题反馈给委托方。

（4）准备和发布用于宣布项目启动的新闻稿。

（5）组织公众会议和专家研讨会，告知当地利益相关方项目的基本情况，回答他们的问题，了解他们的忧虑，并记录他们对项目目标的建议。

（6）全面、及时、充分地进行项目信息披露，从而避免产生误解和减少异议。

（7）处理好不同利益相关方的需求，以防止发生冲突。

（8）咨询利益相关方是否愿意以志愿者、项目人员或承包商的身份参与到项目的规划和实施过程中。

（9）征集志愿者参与到项目现场工作，并为他们解决交通问题。

（10）与项目经理一起安排志愿者的工作内容和工作时间。

（11）熟悉相关的管理制度和安全条例，接待来访人员和志愿者。

（12）安排公众和媒体参观项目现场。

（13）安排学校师生参观项目现场。

（14）告知学校师生和公众项目的基本情况，并强调被修复的生态系统能提供自然服务，人类能从中获益。

（15）告知委托方、项目负责人及项目总监需要寻找机会来弥补项目对许多当地居民造成的不利影响。

（16）与受到不利影响的当地居民进行沟通，并尽量为他们提供新的就业机会。

（17）确保利益相关方能定期了解到项目的进展情况。

（18）准备和发布新闻稿，公布项目的进展情况和最终完成情况。

（19）项目完成后，在项目现场组织庆祝活动。

附录3 术 语 表

本地物种 在没有人类干预的情况下，自然迁移到特定的区域或在特定的区域长期繁衍生息的物种。

濒危物种 处于灭绝边缘的物种。

参考模型 为生态修复项目规划提供所需信息，这包括多个参考生态系统、历史记录、图片和其他能展示生态系统在受损之前的状态的信息。

参考生态系统 同一生态地理区内河流生态系统未受或几乎未受人类活动干扰的历史状态，或现有最优状态，用于表征河流生态修复预期要达到的状态。

草本植物 一种地上部分没有木质素的植物，通常在冬季或旱季时会枯死。

草地 草地是草和其生长的土地构成的综合自然体。

长期目标 长期目标是人类价值的一种表达形式，它有助于生态修复项目的开展。生态修复项目的长期目标是理想的，因为长期目标未必能达到。就算真能实现，也需要经历一段很长的时间（参见“短期目标”）。

承载能力 在一特定生态系统中，某种生物个体存活的最大数量。

出圃 将苗圃园中的苗木移栽到修复项目场地内。

底栖生物 生活在水体底质表面或底质内部的动植物。

地貌学 研究地表形态特征、成因、发展和分布规律的学科。

动态变化 通常指活动或过程，如生长、进化、恢复、转变、转化等。

短期目标 在开展生态修复项目之前，制定具体的指标，用于判断生态修复的效果。生态修复项目采取的修复策略受短期目标影响（参见“长期目标”）。

繁殖体 植物的某一部分脱离母体后，能通过无性繁殖或有性繁殖重新长成新的个体。繁殖体通常包括种子、孢子、根状茎、鳞茎、花枝和泥土中生根的枝条等。

非生物环境 构成生态系统的非生命物质，包括土壤（有机质）、空气、水、地形等因子，以及影响生物群的各种因子，如天气、气候、水文过程、物质循环、火、土壤含盐量等。

腐殖质 土壤有机质的主要部分，是动植物残体在土壤中通过微生物的作用而形成的有机物质。

富营养化 自然因素和人为干扰导致水体中无机营养物过剩，特别是废水排放和农业施肥等会导致水体中氮、磷等营养盐含量过多，这样引起了藻类和其他水生植物大量繁殖，降低了水中的溶解氧，最终导致鱼类窒息死亡。

干扰 自然因素或人类活动因素造成了生态系统承压、退化或被破坏。

根除 从某个特定的生态系统内除去某个物种的所有个体，但不是从所有的生态系统内除去。

功能群 一个生态系统内一些具有相似特征或行为上表现出相似特征的物种的集合。

关键种 在维护生物多样性和生态系统稳定方面起重要作用的物种，并且它们在生态系统中的作用远远超过了它们的生物量在生态系统中的比例。例如，一种穴居动物可能是关键种，因为它的巢穴能成为其他动物的栖息地，这样其他动物就能生存在这个生态系统中。

管理 维护一个生态系统或景观，从而改善、保护和维持生态完整性和环境质量。

轨迹 一个生态系统内生物群落（或生物多样性）在时空尺度上的表达。

河流生态系统 由流水河槽、河滩、岸坡共同组成的，兼有水体、陆地和水陆交错带等生态系统特征的复合生态系统。

后期维护 在执行既定工作任务之后采取的管理维护行为。

环境 影响生物生存和发展的非生物因子的总称（参见“非生物环境”）。

荒漠化 由于植被减少、土壤水分降低和地理环境改变等因素导致的土地退化。

恢复 生态系统在受到胁迫或损害之后，将其恢复到参考状态的方式和速度。

火烧演替 经历火烧之后，一种生态系统类型（或阶段）被另一种生态系统类型（或阶段）替代的顺序过程，这个生态系统类型（或阶段）需要定期进行火烧才能维持。

计划放火 在人为控制下，以低强度火消除或减少生态系统中地面上的可燃物。

渐进式生态修复 在生态学原理指导下，充分考虑治理区环境污染和生态退化的历史条件、现实状况、治理目标和需求，在一定社会投资、技术水平、治理时间等约束条件下，选择合理的修复模式，借助人力和自然力的双重作用，分阶段、分步骤地对受损生态系统进行循序渐进的修复和治理的活动与过程。

监测 周期性地采集数据或信息，目的是为了判断生态修复项目的实际效果。

景观 两个或两个以上的生态系统组成的格局，这些生态系统之间存在生物和水等物质的交换。

径流 降水到达地面后和冰雪融化产生的水通过地面或土壤向地势更低的地方流动的过程。

决策者 在政府部门或其他机构负责起草法案、开展立法工作，或批准具体行动和相关决议的人员。

菌根 指土壤中某些真菌与植物根系的共生体。菌丝渗入植物根系，一方面从寄主植物中吸收植物通过光合作用合成的糖类等有机物质作为自己的营养，另一方面又从土壤中吸收养分、水分供给植物。

开垦 有意把荒地开辟成耕地。这个术语在北美和英国使用得较为普遍，通常把矿区土地或被排水后的湿地用于农业生产。

可持续性 一个生态系统无限期维持自身发展的能力，以适应不断变化的环境条件、物种迁徙或人口数量变化等。自然服务来源于具有可持续性的生态系统。

廊道 连接各种独立的自然区域的生境，并且能让生物在一个自然区域和另外一个自然区域之间自由迁徙。

利益相关方 能对要计划实施、正在实施或已经完成的生态修复项目产生积极或消极影响的个人或组织。

林地 成片树木覆盖的土地，大多数树木的树冠不会相互紧挨。因此有充足的阳光能穿透进来供下方的草或其他植物生长。

流域 由分水线所包围的河流集水区。集水区内所有水都流入同一汇水单元，如河流、湖泊或海洋。

苗木 用于造林绿化的树木幼株。为了保证苗木的质量和数量，苗木一般在苗圃园中培育，然后被移植到指定区域。

牧场 草地或者以草本植物为主的生态系统。许多大型食草动物（如家畜）依靠它繁衍生息，它是一个独特的半自然生态系统。有时（但不经常）外来物种可能会占据这个生态系统。

农林复合生态系统 在同一土地管理单元上，人为地把多年生木本植物和农作物在空间上按照一定时序种植在一起并进行管理，使土地总生产力得以提高，从而获得粮食、饲料和纤维等产品。

破坏 破坏掉整个生态系统所有生物、关键碎屑物和土壤中的有机质等的行为，如采矿。

侵蚀 指自然过程改变地面岩石及其风化物的过程，如风蚀、水蚀等。

群落 生存在同一区域中的动物、植物和微生物的集合，如植物群落、昆虫群落或土壤微生物群落等。

群落结构 群落中的各种生物在群落中的位置和状态。

人工干预 旨在修复受损生态系统的行为，方法有：①原地治理措施（如项目现场施工准备，除去入侵物种，引入适宜的物种等)；②间接措施（如消除损害因素，边恢复边保护)。

人工造林 在一块育林地上以人工的方法进行造林。

冗余物种 在一个生态系统内具有相同功能的两个或多个物种。

入侵物种 通常指非本地的植物或动物，其入侵后迅速扩散，对生态系统的生物多样性产生十分显著的消极影响。在某些时候，随着干扰的产生或土地利用情况的变化，有些本地物种也能成为入侵物种。

生产者 通过光合作用产生碳水化合物的绿色植物和某些藻类，也包括化能自养型细菌。

生活型 植物对一定环境条件长期适应而在形态上反映出的特征，如木本或草本，常绿或落叶，多刺或无刺等。

生境 一个生物体或其群落所生存的空间，空间特征由空间大小、空间结构布局和空间内的其他生物等决定。一种动物的栖息地可为其提供食物和居所（巢穴、洞穴)，供其休憩、冬眠、繁殖和抚育子代。

生态工程 利用生态学理论，模拟自然生态系统，改善生态环境的系统工程。

生态功能 又称生态系统过程。生态系统中生物与生物之间、生物与环境之间相互作用来共同维持一个生态系统的过程。

生态恢复 采取人工措施，帮助受损的生态系统恢复的过程（参见“生态修复”）。

生态修复花 对标参考生态系统，全过程直观和形象展示现状河流生态系统关键生态属性修复效果的可视化工具。

生态基准调查 在开展修复工作前的现场调查活动，以确定某个受损生态系统的现状，从而指导生态修复项目的前期准备工作。

生态区 一个景观中被感知的生态上相对一致的最小单元，如一大片土地或水体内包含了不同类型的自然生态系统，这些自然生态系统具有以下特点：①具有许多相似的物种和相似的生态胁迫因子；②相似的环境条件；③这些自然生态系统彼此紧密联系。

生态特征 用以描述一个完整的生态系统的状况，包括本地物种组成情况，物种赖以生存的环境的状况，生物群落结构，生物、水和其他物质在相邻区域之间的交换与流动情况；生态功能的状况；存在的胁迫因子；自组织能力；生境的复杂性；抵御干扰的能力以及可持续性等。

生态退化 由于干扰因素的存在，造成了生态系统结构、功能及物种组成等发生逆行演替。引起生态系统逐渐退化的原因主要为以下两点：连续的、逐渐减弱的低强度干扰；特别频繁的干扰。

生态系统 指自然界的一定空间内，生物与环境构成的统一整体。

生态系统服务 又称自然服务。生态系统提供给人类的惠益，指在生态系统与生态过程中所形成的没有生产成本的自然产品和服务，它有利于人类、文化和社会经济的发展。

生态系统管理 根据对关键生态过程和重要生态因子长期检测的结果而进行的管理活动以维持生态系统的可持续性和满足人类的需求。

生态型 指同一物种内因适应不同生境而在遗传上具有明显差异的种群。

生态修复 采取人工措施让受损的生态系统尽可能恢复到某一历史状态的过程。如果生态系统中所有的生态特征都已经恢复，那么被修复的生态系统可以说是经历了“生态恢复”。如果优先使用“生态恢复”一词，这表明被修复的生态系统恢复程度较低。也可以理解为：相对于参考来说，当生态修复结束后，受损的生态系统仍有一个或多个生态特征没有恢复，可能未来也难以自发恢复。

生态学 研究生物与生物之间，生物与其生存环境之间相互关系的科学。

生态足迹 能够持续地提供资源和消纳废弃物的具有生物生产力的生态空间。

生物多样性 在一定空间范围内的生物及其组成的系统的总体多样性和变异性。更具体地说，是指生命形式的多样性，各种生命形式之间及其与环境之间的各种相互关系，以及各种生物群落、生态系统、生态过程的复杂性。

生物圈 地球上有生命存在的区域，包括地球表面、水体、冰川、大气层的一部分以及洞穴等地下栖息地。

生物群 生活在一定地区或生态系统内的所有生物，包括动物群和植物群。

生物群区 在特定的地理区域中的动物和植物形成的一种生态单元，区域的命名通常是根据该区域内的优势植物；有时是根据该区域内的气候条件或地理条件，如山地针叶林或干旱草地等。

生物修复 利用微生物去除土壤和水体中的污染物或过量营养物质。

湿地 是指不问其天然或人工、长久或暂时之沼泽地、湿原、泥炭地或水域地带，带有静止或流动、咸水或淡水、半咸水水体者。包括低潮时不超过 6 m 的水域。

适应性管理 重新审视管理决策并根据实际情况对其进行调整的实践活动。

受损 生态系统或景观发生退化、受到损害或被破坏，自然更新过程难以使其恢复到原来的状态，只有采取人工措施才能使其恢复到原来的状态。

水文学 研究地球大气层、地表及地壳内水的起源、分布、运动和变化规律，以及水与环境相互作用的学科。

碎屑物 包括死亡的动植物；其他非生命形式的有机物质，如动物排泄物和腐殖质等未完全降解的中间产物。

损伤 某个事件对生态系统造成的严重的伤害，如一次性砍伐整个森林内的所有木材。

弹性 生态系统抵抗干扰并且能自我恢复的能力。

替代状态 由于生态系统动态变化或传统土地利用方式发生改变而出现的截然不同的状态。

外来物种 又称非本地物种。指那些出现在其过去或现在的自然分布范围及扩散潜力（即在其自然分布范围以外或在没有直接或间接引入或人类照顾之下而不能存在）以外的物种、亚种或以下的分类单元，包括其所有可能存活、继而繁殖的部分、配子或繁殖体。

完整无损的 对一个生态系统完整状态的描述，指的是它的功能正常，以及相对于它经历的发展阶段，目前阶段有更丰富的生物多样性。

物种组成 在某个特定区域内出现的植物、动物和其他生物的集合。

项目人员 运用自己的知识和实际经验从事生态修复工作的人员。

消费者 为食物链的一个环节，代表着不能生产，只能通过消耗其他生物来达到自我存活的生物，如食草动物、食肉动物。

小气候 在一个大范围的气候区域内，由于局部地区地形、植被、土壤性质、建筑群等以及人或生物活动的特殊性而形成的小范围的特殊气候。

协助生态系统恢复 采取人工措施使遭到破坏、无法自发恢复的生态系统逐步恢复。其目的是引导或加速自然更新过程，从而使生态系统恢复到原来状态。

胁迫 对某些物种的危害比其他不利因素更为严重的正常发生的情况或反复发生的事件（称为胁迫因子）。这些胁迫决定和维持物种组成，这样可以筛选出适应性更强的物种。胁迫因子有低温、干旱、盐度、火和土壤养分等。

胁迫因子 任何能直接或间接导致生态系统变化的自然因素或人为因素。

新型生态系统 由于人类作用，生态系统经历了前所未有的变化，其生物要素、非生物要素和系统功能等都发生了显著改变，不可能恢复到原有状态，形成了新的生态系统。

修复自然资本 为了持续满足人类利益而不断改善景观的过程，主要措施有：①修复自然生态系统；②采用生态友好的方式改良生产者系统；③高效、公平、合理地分配自然服务；④提高公众对保护、管理和修复自然资本重要性的认识。

营养级 生态系统中处于食物链某一环节上的所有生物的总和。绿色植物通过光合作用把简单的无机物转化成复杂的有机物，它们是生产者。动物和其他一些生物被称为消费者。消费者包括：专以各种植物为食的食草动物；食碎屑者，它们分解死亡的有机体；专以其他动物为食的食肉动物。食肉动物能处于多个营养级，水生生态系统中的食肉动物更是如此。

影响 对生态系统或景观产生干扰或损害，通常是人类活动有意或无意导致的。

原住民 出生和居住在祖先长期居住地的人。

再造林 在原来是林地的土地上有目的地重新造林，这块林地由于原先被过度砍伐或其他原因而消失（参见“人工造林”）。

再植 在空旷的土地栽种植物。选取的植物通常只有一种或少数几种，可能是本地物种也可能不是本地物种。

造林学 研究森林培育的理论和技术的学科，是林业学科的重要组成部分。

蒸腾 水从植物的叶片表面或植物的其他组织蒸发进入大气的水文过程。

执行标准 又称成功标准。用以判断生态恢复程度的各种指标。

植物修复 利用植物消除环境中的污染物，降低其对环境的危害。

治理 去除或降解水体、土壤中有毒污染物或过量营养物质。

种源地 在生态修复项目中，用于培育基因型优良的种子或繁殖体的场地。它们长成后，就被移栽到修复场地。

种子库 积累着能萌发的种子、孢子或其他植物繁殖体的土壤层。

状态 生态系统在一个特定时间内的特征，通过物种组成情况和地形特征等得以体现。

浊度 水体的浑浊程度，主要是由于悬浮物导致的，如泥沙或腐殖质。

子整体 在某些特定的概念或者事物出现之后才会出现的一系列概念或者事物。

自然产品 粮食、纤维等能被人类利用的产物。由生态系统服务中的“供给服务”产生。

自然更新 物种数量和群落结构在受到胁迫或干扰后自发恢复的过程。

自然资本 存在于自然界可用于人类经济社会活动的自然资产。

自组织性 一个正在恢复的生态系统已经恢复了原有的生态功能和弹性，这足以使它在没有人工措施的协助下也能朝着某一历史状态发展。自组织性通过特征种群的繁衍生息，生境多样化发展，营养结构的发展以及土壤有机质的净累积来逐步实现。

附录4　作 者 简 介

刘俊国（左）和安德鲁·克莱尔（右）合影于两千多年来一直发挥着防洪和灌溉功能的都江堰。都江堰使成都成为“天府之国”，这项水利工程是表达人与自然互利互惠关系和阐述可持续发展理念的杰作之一。都江堰水利工程是一个伟大的奇迹，这项工程突显出了尊重自然、顺应自然和保护自然的绿色发展理念
（照片提供者：J. 迪斯彭萨）

刘俊国　博士，华北水利水电大学校长，瑞士工程科学院院士，欧洲科学院外籍院士，国家杰出青年科学基金获得者。享受国务院特殊津贴，入选美国科学促进会会士、英国皇家地理学会会士、英国皇家气象学会会士。兼任北京生态修复学会名誉理事长、北京生态修复与环境保护联合体主席。主要研究方向为水文水资源和生态修复。荣获全球水文科学领域最高奖——国际水文科学奖 Volker 奖章、发展中国家科学院奖、美国地球物理学会 Paul A. Witherspoon Lecture 奖、欧洲地球科学联合会“杰出青年科学家奖”、国际恢复生态学学会“技术传播奖”、中国青年科技奖等。

邮箱：junguo.liu@gmail.com。

安德鲁·克莱尔 博士，美国植物学家和生态修复专家，生态修复书籍《生态恢复：原则、价值、体系与新兴职业》第二版（Island 出版社，2013）的主要作者之一。他是国际生态恢复协会（SER）的发起人以及前会长。在美国佛罗里达，他拥有一家已经成立 22 年之久、从事生态修复咨询的公司，主要从事修复矿区森林湿地和修复已经退化的土地。他在佛罗里达州立大学有 17 年的工作经历。他参与了横跨全球五大洲的众多的生态修复项目。

邮箱：clewellaf@gmail.com。